新手父母

孩子的

權威兒童發展心理學家專為幼兒
打造的 **41個潛力開發遊戲書 ❹**

提升想像力 & 創意思考遊戲

장유경의 아이 놀이 백과 （0～2세 편）

兒童發展心理學家 張有敬 **Chang You Kyung** ———— 著

賴姵瑜 譯

目錄

Chapter 1

專為13～18個月孩子設計的潛能開發統合遊戲

開始**學走路**，跨出**獨立**的第一步！

動物配對
▶▶ 視覺辨別力、分類能力、語言

這個是什麼？
▶▶ 觀點取替能力、觀察力、語言

Chapter 2

專為19～24個月孩子設計的潛能開發統合遊戲

更多**想像**與**思考**，動腦機會變多了！

寶特瓶保齡球
▶▶手眼協調、數字概念

搖晃水瓶
▶▶大肌肉運動、視覺追蹤力

情緒休息室
▶▶ 情緒調適、表達力

聽了跟著說
▶▶ 專注力、記憶力、聽覺

餅、蘋果

餅、蘋果

養孩子不能只顧個頭

文／宋吉年（心理學博士、I can! 認知學習發展中心所長）

■　此書針對不同孩子的發展特性，提供了媽媽如何一起陪伴玩耍的適合建議，文筆親切，說明詳實。我在養育孩子時，也曾經是只顧孩子個頭、忙亂度日的新手媽媽。現在看到甫出生的孫子，又再次體驗到這段驚人發展的意義。因此，格外感謝這本書的出版。

　　養育孩子最重要的一點，就是「適切」。因為每個孩子的力氣和能力不同，喜歡的東西及適合遊戲的時間也不一樣。請在適當時機嘗試書內的諸多遊戲，觀察寶寶的反應。如果寶寶的接受度高，可以繼續進行，甚至再向前跨步，反之，則要慢慢嘗試，避免躁進。這本書的內容將可大大幫助所有照顧嬰幼兒的家長們，一方面能夠更開心地與孩子玩耍，一方面促進孩子的發展。

遊戲有益，寶寶有玩的權益

文／朴惠苑（心理學博士、蔚山大學兒童家庭福祉學系教授）

■ 發展心理學中重要的語言和認知發展，是我在翻閱書冊時經常停下來看的課題，作者張有敬博士在這方面曾經提出有趣的分析且寫成論文。才想說近期似乎較少看到她的文章時，這本書就出版了。此書是專為孩子正處於發展最重要階段──嬰兒期（約0～2歲）的父母所寫，是他們必備的一本書。

　　嬰兒期可謂孩子最重要的時期，這時的腦部發展將達到80%，是決定著未來人生相關視野的重要起點。這本書提供這時期的寶寶與父母可以一起玩的遊戲，並按照發展里程表提供各式各樣的方法與資訊、發展心理學的最新理論，和張博士在幼兒教育實務上累積的智慧等，都完整蘊涵在內。借助此書的出版，期盼未來針對嬰兒期之後的幼兒期、兒童期、青少年期、成人期和老年期發展全過程所需的遊戲書，也能面世。

終結無聊的親子遊戲

文／鄭允京（兒童心理專家，天主教大學心理學系教授）

■ 孩子最常説的一句話是什麼？就是「好無聊」，意思是要人陪他玩。這意味著，聰明伶俐的孩子懵懵懂懂自認在遊戲中健康成長，同時產生自信感。但是，父母要和小孩子玩什麼、怎麼玩，往往毫無頭緒。

　　這本書提供遊戲的玩法，並針對遊戲的「好處」加以説明，但不強求全部都非玩不可。作者以多年的嬰幼兒發展研究和實務經驗為基礎，介紹適合各個發展階段的眾多遊戲。對於苦惱著是否該拿智慧型手機或平板給覺得無聊的孩子，或不曉得該怎麼和孩子玩的父母們，這本書提供了溫暖親切且健康有益的資訊。

專為家長與孩子
量身訂作的夢幻套組

...

聽到大樓遊樂區傳來孩子們嘰嘰喳喳的聲音。往下一看，幾個坐嬰兒車來的學步小毛頭正在玩沙。兩三位年輕的媽媽一邊看著小孩玩耍，一邊聊天，還有一位奶奶跟在另一個孩子的後面。看到這些才剛開始學步的寶寶，突然想起大兒子剛學走路的那段時光。

就在大兒子剛學步的時候，我們全家一起踏上美國留學之路。這孩子在家裡待不住，一睜開眼就想往外跑，因此我幾乎每天都會在學校周邊、無人行走的巷弄散步一小時，並三天兩頭到市區逛逛。跟在孩子身旁的工作並不辛苦，不過，天天重複相同的街道、相同的風景，最後真的挺無聊。當時，附近沒有跟兒子同齡的孩子可以一起玩耍（或同齡孩子的媽媽），

而且托兒所還在排隊等候中。對我這主修發展心理學、「所學淨是紙上談兵」的新手媽媽而言，成天陪小孩一起「這樣玩耍」，只覺得日子過得甚是無趣。老實說，這段時間與其說是陪孩子玩，不如說是「顧著孩子」還更貼切些。再者，回到家後，家事也很忙碌，若有時間與孩子面對面坐下，做的也是費心「教導」孩子而已。

二十年過去，當時的新手媽媽成為研究員，研究著「媽媽與孩子一同遊戲」的方法。我會請媽媽們像平常一樣陪孩子玩，再把玩耍的場面錄下來。因為有錄影，所以媽媽們陪孩子玩的時候會比平時更熱烈，不過，每個媽媽與孩子玩的方式都不同。有的「直性子」媽媽平時就不特別陪孩子玩，只把寶寶長時間放在身旁顧著，也有媽媽抓著十八個月大的孩子不放，滿腔熱情地教寶寶認識顏色、數數。但幾乎沒有媽媽是真的「與孩子一起玩」。就像二十幾年前的我，大部分的母親以為教孩子或顧孩子，就是與孩子一起玩。

近年來，諸多研究中的研究人員一致認為，「對於孩子而言，沒有任何東西像遊戲一樣重要」。我想告訴那些像我以前一樣不知道該如何與孩子玩而手足無措的媽媽們，遊戲是何等的重要。既然這麼重要，又該怎麼玩。若要了解遊戲對新生兒至24個月大的寶寶的重要性，首先要檢視這段時期的發展情形，認識遊戲所扮演的角色。

0～2歲的寶寶發展與遊戲

　　雖然現在只要看到小寶寶，嘴角就會禁不住揚起老奶奶的微笑，但自己在首胎出生時，真的非常憂鬱。原本以為寶寶會很漂亮，實際上整個皺巴巴的，完全看不出美醜，最糟的是，他無時無刻都在哇哇哭著，當時我這新手媽媽，不知有多麼驚慌失措。那個階段的孩子看起來似乎只是不分晝夜地吃、睡、哭，但後來我開始進修博士課程，才知道孩子在這兩年期間，有著極為重大的發展！

　　寶寶從出生到2歲為止，就像毛毛蟲變成蝴蝶一樣，經歷著巨大變化。體重比出生時增加三至四倍，身高也增加三十公分以上。寶寶原本除了吃睡外，很難自己使力移動身體，滿2歲左右就會走、會跳、會攀爬，能夠隨心所欲自由活動。此外，原本只會哭泣的寶寶，滿2歲時已經會說話、表達意見，甚至能以電話簡單通話。不過，除了這些眼睛看得到的變化，在看不見的腦中發生了更戲劇性的改變。

　　寶寶出生時，腦的重量約為350公克，滿2歲時增至1200公克，相當於成人腦重量的75%。寶寶出生時，腦內有1000至2000億個神經元，聯結這些神經元的突觸達5兆個以上。然而，此等程度的突觸僅限於應付呼吸、消化、睡眠等工作，亦即新生兒日常生活程度可及的機能。寶寶要翻身、爬行、走路、說話、認人等後續發展，還需要更多的突觸。突觸的數量

在出生後三年之間增升二十倍，變成足足有1000兆個。突觸生成一段時間之後，使用過的部分突觸會獲得強化而留存，剩下的則會遭到廢棄處置。這個過程稱為「剪枝」，其中最為重要的正是「經驗」的角色。寶寶聽到聲音或吸母奶時，所經驗的任何刺激都會在寶寶腦中生成突觸且獲得強化。相反地，後來未再使用的突觸則會經由「剪枝」過程消除。

頭腦刺激的經驗＝遊戲

　　若是這樣，什麼樣的經驗有助於維持與強化突觸呢？從一項著名的實驗，我們可以獲得這個問題的解答。

　　加州柏克萊大學戴蒙（Marian Diamond）博士以小老鼠為對象進行經驗研究，亦即環境影響的研究。她把小老鼠分成三組，第一組的環境寬敞但沒有玩具，第二組的環境寬闊且備有豐富玩具，第三組則是沒有玩具的狹窄環境。兩週過後，生活在環境寬闊且備有豐富玩具的老鼠，腦中統合感官資訊的部分足足增厚16％。後來，研究人腦的科學家發現，環境刺激對於寶寶腦神經元突觸的製造果然有貢獻。若是如此，刺激寶寶腦部的豐富經驗（或環境）究竟是什麼呢？

　　戴蒙博士認為，所謂豐富的經驗，除了提供豐盛的營養食物，該環境下還可以感受到正面而無壓力的愉快氛圍、有著多

樣感覺刺激和新穎奇特的挑戰與課題，讓孩子得以任意選擇、積極參與、有趣學習和自由嘗試。至於能把這些一次囊括在內的夢幻套組，就是「遊戲」。

媽媽與寶寶互相對視，出聲逗孩子而一起咯咯笑的瞬間，不安、害怕、擔憂、壓力一掃而空。寶寶吸吮、觸摸、敲打、亂丟，使用和實驗著任何身體的感覺。還有，他們在學習翻身、爬行、走路的方法時，積極挑戰新的課題。玩球時，學到這個世界的物理法則，與同齡孩子玩醫院遊戲時，可以熟悉社會規則，懂得體諒對方感受。此外，在玩恐龍遊戲時，能想像著未曾經歷過的新情境。對於這個時期的寶寶來說，發展過程的每一個瞬間，都是一個個的課題與遊戲，積極參與這些遊戲的經驗與時間，不僅有益寶寶的頭腦發展，更是有助於全人發展的最佳刺激與經驗（環境）。

該如何和孩子一起玩遊戲？

綜上所述，對於這個時期的寶寶而言，沒有任何增進發展的方案比遊戲更為重要。那麼，該如何讓寶寶玩遊戲呢？再度翻閱我的育兒記事，我曾經將研究論文中看到的方法應用在3～4個月左右的大兒子身上，把氦氣球繫在寶寶的腳踝。孩子非常興奮地踢腿，這使長期主修發展心理學的媽媽認為，自己做了一件了不起的事（？）。但是，後來為了讓寶寶能夠

獨自玩耍，我好像只想著盡可能地讓孩子自己玩。現在回顧起來，雖然很後悔當時未與孩子一起玩，但實際上，那時的我也不知道該怎麼陪孩子玩啊。所以頂多是帶著孩子到遊樂場、看著他玩，就自以為是最大限度地讓孩子玩耍而感到滿足。

那麼，什麼是遊戲？一般認為，遊戲的反面是「工作」，不過，研究遊戲的學者主張，遊戲的反面是「憂鬱」。遊戲是有趣的活動。因為有趣，所以想玩；因為有趣，所以是能夠專注投入的活動。它不是要教導什麼、有著特定目的，遊戲本身就是目的，純粹是隨心所欲、自由選擇的愉快活動。因此，遊戲並無應當怎麼玩的方法，但有幾項必須遵循的原則。

1. 遊戲不必是多了不起的東西

寶寶躺著時晃動搖鈴是遊戲，散步時摸弄落葉、聞其香氣也是遊戲。出聲逗孩子再一起笑，也可以是很棒的遊戲。還有，寶寶自己找出鍋碗瓢盆，弄出哐啷聲響，或反覆打開和關上蓋子的探索，也是遊戲。重要的是，給予孩子充分的探索機會和玩耍時間。

2. 由孩子選擇遊戲和決定玩法

即使寶寶和寶寶一起玩遊戲，大部分的媽媽常想著要教他們「正確的」玩法。其實，玩具並沒有正確使用方法，遊戲也沒有正確玩法。寶寶用「其他」方法在玩時，才是真正的遊戲。要讓寶寶有機會自己選擇、操作什麼樣的遊戲方法。

3. 遊戲一定要有趣

　　是否稱得上遊戲，最重要的線索是「有趣」與否。這不是說要玩到咯咯笑，而是如果寶寶覺得有趣，整個投入而渾然不知時間流逝，那就真的是好遊戲。本書介紹的許多遊戲，明顯看似簡單且毫無特別之處，但是只要寶寶與媽媽能夠開心地投入玩耍，那就是最棒的遊戲。我曾在YouTube看過一部影片，寶寶看到撕紙的動作、聽見撕紙聲，就咯咯笑了起來。影片中寶寶笑得燦爛，大人看到寶寶笑的模樣，也不由得跟著笑。對於這個寶寶而言，「撕紙」可謂一級棒的遊戲。

　　遊戲並非多了不起的東西，而是讓孩子可以隨心所欲選擇的有趣活動。不過，針對0～2歲的寶寶，在玩遊戲時，有幾點應特別銘記在心：

1. 勿過度刺激

　　對於寶寶而言，過度刺激可能形成壓力。遊戲之前，先觀察寶寶的表情、聲音、行為動作，確認寶寶是處於疲倦或愉悅的狀態。如果孩子別過頭、背向後仰、哭泣、閤眼或打嗝的話，就是該讓寶寶休息的時候。

2. 確認安全

　　務必留意，不要讓寶寶受傷，像是跌倒或撞到頭。還有，寶寶會把所有東西放進嘴中吸吮探索，所以請準備寶寶放進嘴裡也沒關係的玩具，並且做到隨時消毒、保持清潔。

3. 把孩子看平板、智慧型手機、電視等螢幕的時間減至最低

　　特別是在0～2歲期間，正是寶寶學習如何與人和諧相處、互動的時期。在此等重要的階段，盡量不要把寶寶託付給電子裝置。

　　以上幾點請家長們特別留意。現在請參考本書提供的各種方法，與寶寶一起玩遊戲。如同我在YouTube看到的影片、從眾多研究中看到的媽媽和寶寶一樣，寶寶興致勃勃地專注玩耍，媽媽和其他家人也跟著心情愉快。別忘了，遊戲是能讓所有人感到幸福的夢幻套組。

兒童發展心理學家、心理學博士

張有敬

▶ 本書使用方法 ◀

本書係按照各個不同發展時期，將最適合寶寶發展的遊戲分類列示。書中結構和各區塊的使用方法說明如下。

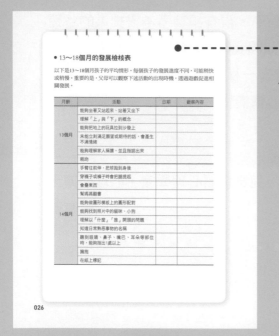

● **各個時期發展檢核表**。媽媽不妨以這份檢核表為基礎，觀察並留意自己寶寶的發展情形。

● **統合領域類型**。大部分的遊戲皆有助於增進多個領域的發展。即使是玩肢體發展的遊戲，由於會持續唱歌給寶寶聽、與寶寶對話，因此可能同時有助身體和語言領域的發展。遊戲種類方面，初期會有較多的肢體遊戲，隨著年齡增長，語言和認知遊戲的比重會上升。當然，有的寶寶唯獨喜歡肢體遊戲，也有寶寶特別愛好語言遊戲。不過，在與寶寶玩遊戲時，最好盡量讓他們多方面接觸各種領域的遊戲。

● **遊戲開場白。**在閱讀遊戲方法之前，會先針對遊戲做簡單的介紹，以便讓媽媽更理解。

● **準備物品。**說明遊戲必須準備的物品。善用家中易於取得的材料或回收用品，也能成為寶寶的好玩具。

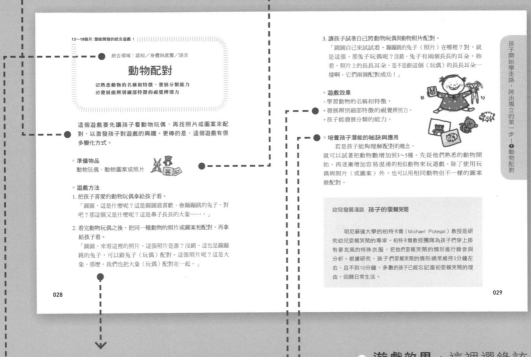

13～18個月·潛能開發的統合遊戲 1

● 統合領域：認知／身體與感覺／語言

動物配對

☑ 熟悉動物的名稱和特徵，發展分類能力
☑ 發展能辨別細部特徵的視覺辨別力

這個遊戲要先讓孩子看動物玩偶，再找照片或圖案來配對，以激發孩子對遊戲的興趣。更棒的是，這個遊戲有很多變化方式。

● 準備物品
動物玩偶、動物圖案或照片

● 遊戲方法
1. 把孩子喜愛的動物玩偶拿給孩子看。
「圓圓，這是什麼呢？這是圓圓最喜歡、會蹦蹦跳跳的兔子，對吧？那這個又是什麼呢？這是鼻子長長的大象……。」

2. 看完動物玩偶之後，把同一種動物的照片或圖案相配對，再拿給孩子看。
「圓圓，來看看這裡的照片。這照片是誰？沒錯，這也是蹦蹦跳的兔子，可以跟兔子（玩偶）配對。這張照片呢？這是大象。那麼，我們也把大象（玩偶）配對在一起。」

028

3. 讓孩子試著自己將動物玩偶與動物照片配對。
「圓圓自己來試試看。蹦蹦跳的兔子（照片）在哪裡？對，就是這張，那兔子玩偶呢？沒錯，兔子有兩個長長的耳朵，妳看，照片上的長長耳朵，是不是跟這個（玩偶）的長長耳朵一樣啊，它們兩個配對成功！」

● 遊戲效果
・學習動物的名稱和特徵。
・發展辨別細部特徵的視覺辨別力。
・孩子能發展分類的能力。

● 培養孩子潛能的祕訣與應用
若是孩子能夠理解配對的概念，就可以試著把動物數增加到3～5種。先從他們熟悉的動物開始，再逐漸增加容易混淆的相似動物來玩遊戲。除了使用玩偶與照片（或圖案）外，也可以用相同動物但不一樣的圖案做配對。

孩子開始學走路、跨出獨立的第一步→❶ 動物配對

幼兒發展淺談 孩子的耍賴哭鬧

明尼蘇達大學的柏特卡爾（Michael Potegal）教授是研究幼兒耍賴哭鬧的專家。柏特卡爾教授團隊為孩子們穿上掛有麥克風的特殊衣服，把他們耍賴哭鬧的情形進行錄音與分析。根據研究，孩子們耍賴哭鬧的情形通常維持3分鐘左右，且不到10分鐘，多數的孩子已經忘記當初耍賴哭鬧的理由，回歸日常生活。

029

● **遊戲方法。**這是針對像我一樣沉默少言的媽媽們，在與寶寶一起玩卻不知道該說什麼時，提供簡單的例示參考。原則上，玩遊戲時說的話，就像在與寶寶對話，或向寶寶說明場景。讀者可以參考一、兩段例子，之後可以隨意發揮，達到與寶寶說話的目的即可。

● **遊戲效果。**這裡選錄該遊戲有助發展的機能。但實際效果遠比這裡列寫出來的多更多。

● **培養孩子潛能的祕訣與應用。**這裡提供讓遊戲有所變化的玩法。依寶寶玩的情形並參考遊戲祕訣，媽媽與寶寶可以自行變化，使遊戲變得更多樣有趣。

019

幼兒發展淺談　不吃飯的孩子 ●- - - - - - - - - - - - ┐
　　　　　　　　　　　　　　　　　　　　　　　　　　　　↓
　　自從過了週歲之後，原本胃口很好的孩子，突然不太愛
吃飯。原因在於，雖然自出生至滿12個月為止，孩子急速成
長（體重成長3倍、身高增加25公分），但從此之後，生長
速度會逐漸減緩。再加上此時孩子會爬、會走、會攀高，運
動量增加，嬰兒肥開始消去。這個時期的孩子胃口也會出現
變化，直到昨天還很喜愛的食物，會突然開始不吃，或一天
吃得很好，第二天又不吃，當然，食物攝取量也大幅變化。
學步的孩子一日需要1000～1300大卡，但是不會每天都攝
取此一程度的卡路里。若是一週內的飲食平均攝取到這個程
度，就不必擔心。

● **幼兒發展淺談**。簡單介紹該時期
寶寶的各種研究、理論和相關時事主
題。有時候，複雜的實驗反而要以較
簡單的方式來說明，內容可能看似不
言而喻，但我還是努力想介紹相關科
學研究和理據實在的知識，希望藉此
讓讀者更加了解寶寶的發展。

● **Q&A煩惱諮詢室**。這部分是在實際調查養育此年齡
層寶寶，對遊戲會出現的相關疑問中，選出提問頻率
最高的4～5道問題進行說明。盼望藉由這些問題，能
夠消解這段時期家長會有的煩惱。

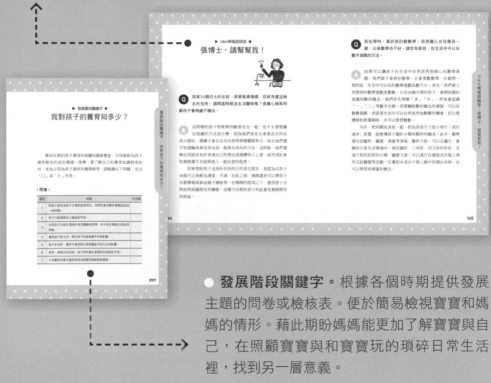

● **發展階段關鍵字**。根據各個時期提供發展
主題的問卷或檢核表。便於簡易檢視寶寶和媽
媽的情形。藉此期盼媽媽能更加了解寶寶與自
己，在照顧寶寶與和寶寶玩的瑣碎日常生活
裡，找到另一層意義。

Chapter 1

專為 13～18 個月孩子設計的
潛能開發統合遊戲

孩子開始**學走路**，
跨出**獨立**的第一步！

一切都想自己試試看，
孩子好奇心爆發的時期。

• • •

與出生時相比，滿週歲的孩子身高大約增加70～80公分，體重則增至3倍。他們在出生頭一年內的成長著實驚人。但不僅有身體方面，孩子在精神方面亦有成長。這個時期的孩子開始認識到自己是與媽媽分離而獨立存在的個體。

在孩子努力成為獨立個體的同時，仍然必須依賴養育者，因此產生許多矛盾的情況。結果是，他們在情感上常有突如其來的變化，好比不時出現要賴哭鬧的情形。或他們嘴上總是掛著「不要」「不要」，儘管當下很需要大人的協助，仍然會試圖用自己的力量來解決問題。孩子會利用各種不同的情況來測試媽媽，同時也想要了解自己的極限在哪裡。

身體與感覺領域的發展特徵

孩子現在可於無輔助下行走，抓著手也能上下樓梯。他們已經會使用湯匙，能自行脫下襪子、帽子、鞋子和刷牙。他們能夠用腳踢大球，也能用雙手把球拋到身後。這時期孩子有偏好使用的手，開始決定他們的慣用手是右手或左手。隨著小肌肉的發展，孩子能夠順利拾起小玩具，再放進碗裡。他們可以一手拿玩具，另一手進行進行探索或操作。另外，他們也會把積木疊成塔，且試圖要爬上書櫃。

認知領域的發展特徵

他們了解物品的用途，也能利用工具解決簡單的問題。他們會透過模仿學會許多行為與動作，且物體恆存概念更進一步發展，即使是未看見時換過位置的東西，他會跑去最後一次看到的地方尋找，而非曾經找到的地方。他們對於顏色和形狀亦感興趣，能夠把相同顏色或相同形狀的東西擺在一起。看到圖畫書或圖案時，對於「狗狗在哪裡」之類的問題也懂得回答。他們的記憶力愈來愈好，會觀察大人做的事情，而試著把鑰匙插入孔中，甚至能在平板電腦或智慧型手機上找到想玩或常玩的應用程式。

人際社會與情緒領域的發展特徵

他們會看鏡子，認出自己的模樣，並逐漸建立自我意識。即使獨自一人也多半能玩玩具，此外，他們喜歡聽到稱讚。不過，與爸爸、媽媽分離的話，還是會哭鬧要賴。碰到不能立刻如其所願的情況，就會生氣。這時期家長對孩子有必要訂立規矩，而非無條件地順著他。

語言領域的發展特徵

他們知道家人稱謂、身體部位的名稱與熟悉事物的名稱，而且聽懂10個以上的動詞，可以說出聽起來像完整句子般的話。說「不要」時會搖頭，能使用5個以上的詞語來表達自身需求或情感，而且還會唱歌了。

● 13～18個月的發展檢核表

以下是13～18個月孩子的平均情形。每個孩子的發展進度不同，可能稍快或稍慢。重要的是，父母可以觀察下述活動的出現時機，透過遊戲促進相關發展。

月齡	活動	日期	觀察內容
13個月	能夠坐著又站起來、站著又坐下		
	理解「上」與「下」的概念		
	能夠把地上的玩具拉到沙發上		
	未能立刻滿足願望或期待的話，會產生不滿情緒		
	能夠理解家人稱謂，並且指認出來		
	親吻		
14個月	手臂往前伸，把球拋到身後		
	穿襪子或褲子時會把腿提起		
	會疊東西		
	幫媽媽翻書		
	能夠做圖形模板上的圓形配對		
	能夠找到照片中的貓咪、小狗		
	理解以「什麼」「誰」開頭的問題		
	知道日常熟悉事物的名稱		
	聽到眼睛、鼻子、嘴巴、耳朵等部位時，能夠指出1處以上		
	擁抱		
	在紙上標記		

15個月	了解物品的用途		
	能夠做圖形模板上的四方形配對		
	會做一些大人交代的簡單差事		
	刷牙		
16個月	能夠做到用手扭轉的操作		
	走得很好，幾乎不會跌倒		
	跑一跑後，自己停下來		
	能夠自己脫下襪子、帽子、鞋子、手套等		
	使用工具來解決簡單的問題		
	聽從大人（爸爸媽媽等）所說的話		
	懂得使用汽車聲等各種狀聲詞		
17個月	大人抓著一手就能下樓梯		
	能模仿旁人多種行為或動作		
	尋找在未看見時遭換位置的東西		
	收拾玩具		
	說出雖然不甚精確，但聽起來又像個句子的話		
18個月	能夠自己用湯匙（叉子）吃東西，雖然會灑出來		
	預測接下來發生的事情		
	翻找衣櫃和抽屜		
	模仿電視出現的人物		
	能夠做圖形模板上的圓形、四方形、三角形配對		
	被稱讚時會很高興且洋洋得意		
	理解「我的東西」「爸爸的褲子」中的所有格意涵		
	理解10個以上的動詞		

統合領域：認知／身體與感覺／語言

動物配對

☑ 熟悉動物的名稱和特徵，發展分類能力
☑ 發展能辨別細部特徵的視覺辨別力

這個遊戲要先讓孩子看動物玩偶，再找照片或圖案來配對，以激發孩子對遊戲的興趣。更棒的是，這個遊戲有很多變化的方式。

● **準備物品**
動物玩偶、動物圖案或照片

● **遊戲方法**

1. 把孩子喜愛的動物玩偶拿給孩子看。
「圓圓，這是什麼呢？這是圓圓最喜歡、會蹦蹦跳的兔子，對吧？那這個又是什麼呢？這是鼻子長長的大象……。」

2. 看完動物玩偶之後，把同一種動物的照片或圖案相配對，再拿給孩子看。
「圓圓，來看這裡的照片。這張照片是誰？沒錯，這也是蹦蹦跳的兔子，可以跟兔子（玩偶）配對。這張照片呢？這是大象。那麼，我們也把大象（玩偶）配對在一起。」

3. 讓孩子試著自己將動物玩偶與動物照片配對。

　　「圓圓自己來試試看。蹦蹦跳的兔子（照片）在哪裡？對，就是這張。那兔子玩偶呢？沒錯，兔子有兩個長長的耳朵，妳看，照片上的長長耳朵，是不是跟這個（玩偶）的長長耳朵一樣啊。它們兩個配對成功！」

● 遊戲效果

★ 學習動物的名稱和特徵。

★ 發展辨別細部特徵的視覺辨別力。

★ 孩子能發展分類的能力。

● 培養孩子潛能的祕訣與應用

　　若是孩子能夠理解配對的概念，就可以試著把動物數增加到3～5種。先從他們熟悉的動物開始，再逐漸增加容易混淆的相似動物來玩遊戲。除了使用玩偶與照片（或圖案）外，也可以用相同動物但不一樣的圖案做配對。

幼兒發展淺談　孩子的耍賴哭鬧

　　明尼蘇達大學的柏特卡爾（Michael Potegal）教授是研究幼兒耍賴哭鬧的專家。柏特卡爾教授團隊為孩子們穿上掛有麥克風的特殊衣服，把他們耍賴哭鬧的情形進行錄音與分析。根據研究，孩子們耍賴哭鬧的情形通常維持3分鐘左右，且不到10分鐘，多數的孩子已經忘記當初耍賴哭鬧的理由，回歸日常生活。

耍賴哭鬧的過程中，蘊含著憤怒和難過的情緒。這些情緒會歷經三個階段進行。第一階段是喊叫嘶吼。第二階段是跺腳、踢腳或亂咬等身體行為。第三階段會一邊哼哼唧唧，一邊纏鬧或抽咽，此時已稍微減弱耍賴哭鬧的狀態。不過，嚴重的話，孩子狂吼可能在數分鐘內達到臉頰微血管破裂和嘔吐的程度。

　　孩子耍賴哭鬧的理由，一開始很常是像不想穿外套或不想吃青菜之類的小事。但會出現耍賴哭鬧的真正原因，在於他們掌管情緒調節的前額葉尚未成熟（前額葉至4歲左右才開始發展）。尤其，這個時期的孩子們雖然聽得懂話，但說話還無法充分傳達自己的意見，故也可能因此而發脾氣。

　　孩子開始耍賴哭鬧時，大人要深呼吸、冷靜下來。之後，告訴孩子「○○不開心啊。等你哭完，再來找媽媽抱抱。那時候我們再好好說話」。當孩子在經歷耍賴哭鬧的階段時，先放著不管。等孩子經歷第三階段，需要安慰時再摟抱，予以安慰。爸媽不妨這樣想，正當孩子耍賴哭鬧之際，詢問理由、威嚇、吼叫、揍打或甚至連安慰等，就像在火上加油一樣。

統合領域：身體與感覺／認知／語言

紙箱拉繩子

☑ 手部細小動作訓練、發展手眼協調能力
☑ 理解因果關係、觸覺刺激、提升專注力

這是讓一刻都靜不下來的孩子，能夠專注一段時間的魔法遊戲。同時也是幫助小肌肉運動的絕佳活動，只要準備家中處處可見的空箱子和繩子就能玩了。

● 準備物品
紙箱、絲帶、繩子、原子筆、透明膠帶

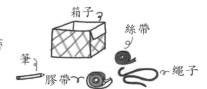

● 遊戲方法

1. 用原子筆在紙箱上鑽幾個洞孔。

2. 把絲帶放入一孔，再從另一孔拉出來（線或絲帶的長度必須夠長），然後在兩端打結，讓絲帶不能從洞口抽出來。

3. 貼上膠帶，蓋上箱子。

4. 把箱子拿給孩子，讓他拉絲帶的其中一端。
「壯壯啊，媽媽做了一個很好玩的箱子。來，試試看拉這邊的繩子。」

5. 示範給孩子看，兩端露出的繩子只拉一端，另一端繩子的長度
   就會變短。

   「壯壯啊，你看這裡。拉拉看這條繩子，這邊繩子變長了，那
   邊繩子變短了。換你試試看。」

6. 讓孩子試著拉不同繩子及觀察結果，並且讓他體驗不同材質繩
   子的觸感。

   「壯壯啊，拉這條繩子的話，哪一條繩子會變短呢？壯壯來試
   試看。還有，找找看，哪一條繩子比較軟？」

● **遊戲效果**

★ 以手取線與拉線時，對具有訓練小肌肉運動的效果。

★ 有助於孩子手眼協調能力的發展。

★ 有助於讓孩子理解「原因／結果」的因果關係。

★ 觸摸相異材質的繩子和紐結，可體驗不同感覺。

● **培養孩子潛能的祕訣與應用**

　　若想要協助孩子更具體地理解因果關係，可以打開箱
子，示範箱子裡的繩子究竟如何運作。也可以利用大尺寸的
毛根，讓孩子直接把毛根插至箱子裡。唯使用毛根時，先在
兩端捲上膠帶，避免過於尖銳。

幼兒發展淺談　不吃飯的孩子

　　自從過了週歲之後，原本胃口很好的孩子，突然不太愛吃飯。原因在於，雖然自出生至滿12個月為止，孩子急速成長（體重成長3倍、身高增加25公分），但從此之後，生長速度會逐漸減緩。再加上此時孩子會爬、會走、會攀高，運動量增加，嬰兒肥開始消去。這個時期的孩子胃口也會出現變化，直到昨天還很喜愛的食物，會突然開始不吃，或一天吃得很好，第二天又不吃，當然，食物攝取量也大幅變化。學步的孩子一日需要1000～1300大卡，但是不會每天都攝取此一程度的卡路里。若是一週內的飲食平均攝取到這個程度，就不必擔心。

統合領域：身體與感覺

沿著線走

☑ 細小動作訓練
☑ 平衡感訓練

這是不必外出跑跳，待在室內也能輕易玩的小肌肉運動遊戲，很適合天氣不佳或必須待在室內的日子。

紙膠帶
玩具車

● **準備物品**
紙膠帶、玩具車（備用）

● **遊戲方法**

1. 在房間或客廳的地板貼上紙膠帶，做為孩子的行走路線。剛開始，路線可以是單純的一條直線，之後再慢慢地複雜化，貼成像蜘蛛網般。

2. 媽媽先沿著地板上的紙膠帶走，示範給孩子看。
「壯壯，注意看媽媽。媽媽沿著這條路線，一、二，一、二，這樣向前走。接下來，換壯壯也走一次看看。」

3. 換孩子沿著地板上的路線、踩在紙膠帶上走。

「來，要沿路線走喔，腳要踩在紙膠帶上。哇，壯壯走得好好唷！」

4. 若孩子沿著線走，走得好的話，就讓他試試看推著玩具車、沿著路線走。

「這次試試看推噗噗車走。車子『啾 —— 』跑好快唷。」

● **遊戲效果**

★ 具有讓孩子小肌肉運動的效果。

★ 沿著線走路，可以讓孩子練習掌握身體的平衡。

● **培養孩子潛能的祕訣與應用**

　　如果孩子向前行走已經走得很好了，可以讓他試試看沿著線後退走。還有，亦可在路線的中間用坐墊或抱枕做成障礙物，讓孩子試著跨越過去。遊戲結束時，不妨讓孩子直接撕下膠帶，一邊聆聽撕膠帶發出的聲音。用過的膠帶也能揉成球，丟來丟去延伸成另一種遊戲。

幼兒發展淺談 孩子懂得猜測旁人做某行為的想法或目的

　　這個時期的孩子是「學人精」，看到什麼都照著做。他們會翻媽媽的衣櫃，學媽媽穿衣服的樣子，會像媽媽哄孩子入睡一樣，哄玩偶入睡。不過，孩子真的會任何動作都照著做嗎？

　　根據匈牙利心理學家的研究，孩子們只會模仿大人行為中具有目的性的行動，對於偶發行動則視而不見。例如，當大人向14個月大的孩子示範，在無法利用手來開燈的情況下，直接用頭按壓燈的開關。之後，曾經看過如何開燈、能使用手的孩子，並不會盲從大人的行動，仍會以手來按壓開關。不過，在與眼前大人處於相同情形（無法利用手開燈），他們則會照著大人的行為，用頭去按壓開關。

　　此一結果意味著，孩子並非未經思考、任何行動都照著做，而是會去思量對方意圖，有意義的行為才跟著做。大人在與孩子說話時，可以盡量把自己的想法或意圖告訴他，將有助於孩子理解且照著做。

統合領域：身體與感覺／人際社會與情緒／語言

運動骰子

☑ 透過這個遊戲可幫助孩子進行大肌肉運動
☑ 有助於讓孩子熟悉遵守順序的規則與概念

這是爸爸和媽媽能與孩子一起做各種動作和肢體活動的歡樂遊戲。

報紙　麥克筆　白色圖畫紙　膠帶

● 準備物品
白色圖畫紙、麥克筆、膠帶、報紙

| 製作骰子 |

①利用圖畫紙（或小紙箱、紙盒），做成長、寬、高各約15至20公分左右的骰子。

②在骰子各面寫上指令（孩子可以做到的動作）。例如，起立坐下2回、踢球3次、跳5下、單腳站立5秒、跳舞、倒退走3步、從玄關跑到書房門口再回來等。

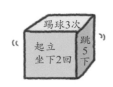

踢球3次　起立坐下2回　跳5下

③把報紙揉成一團，塞入骰子，讓骰子的重量不會過輕。

④最後把骰子用膠帶貼好。

孩子開始學走路，跨出獨立的第一步！❹ 運動骰子

● 遊戲方法

1. 媽媽先扔骰子，然後按照骰到的指令做動作。
   「壯壯，注意看媽媽，我要扔骰子了。」
   「哇！是『單腳站立5秒』耶。好，媽媽要開始囉，一、二、
   三、四、五。換壯壯扔骰子了。」

2. 等孩子扔好骰子後，引導孩子按照骰子指令做動作。
   「這次是『跳5下』。壯壯，來跳跳看。一、二、三、四、
   五。哇，好棒。又輪到媽媽了。媽媽要丟骰子囉！」

● 遊戲效果
★即使是不愛運動的孩子，亦可以透過這樣的骰子遊戲進行大
  肌肉運動。
★這個遊戲有助於熟悉「遵守順序」的規則與概念。

● 培養孩子潛能的祕訣與應用
　　骰子盡量寫上孩子會感興趣的動作。也可以貼上或畫上
動物圖案（例如大象、恐龍、獅子等）讓孩子模仿動物的特
性或聲音，這也是讓孩子喜歡的方式。

幼兒發展淺談　喜歡咬人的孩子

曾經有個臉蛋像天使一般的女孩子，一張口就咬爸爸、媽媽，還有手足、玩伴。她看到每個孩子都會咬，結果所有人都躲著她，不跟她玩。孩子咬人會痛，更重要的是，如果將這種習慣放任不管，未來孩子可能會用咬人的方法來解決問題，所以務必盡快糾正。首先，要了解孩子咬人的理由，才能知道處理方法。

第一，孩子在長牙時咬人。此時，給他們磨牙棒通常就不會再咬了。

第二，孩子在咬同齡孩子或手足後，便能解決問題或受到關注。例如，與手足爭吵搶玩具時，咬哥哥或姐姐而將他們弄哭後，就能搶到玩具，或某次咬人時，媽媽出現發笑或喊叫的反應，孩子覺得有趣而重複咬人。以上這些情形，在孩子咬人後，必須以嚴肅而堅定的口吻，冷靜地（儘管被咬得非常痛，仍請盡量冷靜）告訴孩子「不可以咬人，媽媽（或姐姐、其他人等）會痛」。

第三，孩子在生氣、難過，甚至興奮時咬人。這是因為他們還無法用言語適當表達自身情感所致。此時，同樣要先告訴孩子「不可以咬人，媽媽會痛」。再和他說「拿不到噗噗車，所以生氣了啊」，或「不可以咬人，要說『我的玩具』」。用這樣的方式教導孩子，讓他試著改用言語來表達自身情感。

　　第四，為了讓咬人的孩子知道後果而反咬孩子的方法並不好。因為結果傳達的訊息可能是「要用攻擊反應來對付攻擊行為」。比較好的做法是，教導孩子適當的應對。例如，告訴孩子「（一邊抱著）媽媽好漂亮，應該要這樣做才對嘛」。

　　第五，如果還是沒有改善，請仔細觀察孩子咬人的情形，並且詳實記錄。把時間、地點、與誰在一起時、推測孩子咬人的原因、結果如何等記錄下來，再度分析背後真正的理由。

統合領域：身體與感覺／人際社會與情緒

毯子旅行

☑ 發展平衡感、想像力、運動協調能力

透過孩子熱愛的遊戲，讓孩子的想像力和平衡感都更加成熟。

● 準備物品
毯子或棉被

● 遊戲方法

1. 讓孩子舒服地躺在大毯子或棉被中間。
「圓圓，要坐這個毯子去旅行囉。先躺在毯子上吧。」

2. 確認孩子躺好、抓到平衡後，握緊毯子某邊的兩個角落，並輕輕拉起。
「來，準備好了嗎？要出發囉。噗——噗——」

3. 拉著毯子在屋內四處趴趴走。引導孩子想像到曾經去過的地方或書中曾經看過的地方旅行。
「這裡是動物園。你看，那裡有大象，還有長頸鹿。現在我們要去海邊。哇！這裡有鯨魚。」

● 遊戲效果

★有助於發展孩子的平衡感與想像力。

★隨著毯子移動，有助於孩子運動調整能力發展。

● 培養孩子潛能的祕訣與應用

　　一開始，讓孩子舒服地躺在毯子上，務必教他握緊毯子和抓好平衡。先從短距離開始嘗試，且動作要慢，待孩子適應後，再試著加快速度、拉長移動的距離。

幼兒發展淺談　一邊教孩子，一邊做家事

　　育兒期間，最好暫時拋下廣告裡窗明几淨、井井有條的甜蜜美寓幻想。因為在這個時期，孩子最重大的發展課題是探索世界，他們帶著好奇心在實驗因果關係，換句話說，就是不時的搗蛋闖禍。若媽媽想要避免陷入更大的混亂，同時又想培養孩子自主的探索精神的話，不妨參考以下方法。

- **媽媽在收拾玩具或疊衣服時**：讓孩子參與簡單的家事。打掃家務時，決定孩子的角色，讓他參與，例如，把玩好的玩具放回籃子，或疊好衣服後讓孩子拿到收放的地方。

- **用餐時亂丟食物或湯匙**：用手觸摸各種食物是讓孩子體驗五感的機會，也是有助於丟擲動作發展和理解因果關係的活動。在孩子的椅子下方鋪墊子，讓食物盡量不會掉到外面，清理起來較為容易。

- **從廚房碗櫃搬出鍋碗瓢盆來玩時**：比起市售的扮家家酒玩具組，孩子們更喜歡媽媽使用的鍋碗瓢盆。從放入、拿出、疊置、傾倒的活動中，不僅小肌肉運動獲得發展，亦可以學習上下、內外等各種基本概念的好機會。在孩子伸手可及的一個抽屜裡，放入舊的小鍋子或平底鍋，讓孩子隨時都可以拿來玩。

- **在牆壁或書上塗鴉時**：應確實提醒孩子「想要畫畫的話，要在紙上畫喔」，另外記得提供孩子能夠塗鴉的大紙張。

- **把衛生紙捲全鬆開時**：孩子正在練習抓與拉的小肌肉運動。為避免孩子把一整捲衛生紙全鬆開，建議把幾乎用完的衛生紙捲拿給孩子，讓他練習抓拉與鬆開紙捲。萬一他們把廁所掛著的衛生紙扯鬆開來，應該要清楚地告訴他「不可以把廁所的衛生紙鬆開，只能拿你自己的衛生紙來玩」。

統合領域：身體與感覺

把球丟進籃子裡

☑ 培養手眼協調能力與視覺追蹤能力
☑ 有助於孩子大肌肉運動技術的發展

雖然球是非常單純且常見的玩具，但是它可以隨著孩子的發展階段，提供豐富多樣的遊戲方式，這一點是其他玩具無可比擬的。

● **準備物品**

塑膠球、大籃子

● **遊戲方法**

1. 把籃子放在落球處。
   「圓圓啊，想不想玩丟球？我們把籃子放好，這裡就是要把球丟進去的地方喔。」

2. 媽媽先示範給孩子看，把球丟進籃子裡。
   「像媽媽一樣站在這裡，一、二、丟！像這樣子丟球。」

3. 把球拿給孩子，讓他試試看。
   「現在換圓圓也拿起球，站在那裡，喊一、二，然後丟丟看。」
   ※如果籃子太遠而丟不進球，就把籃子移近一點。

● **遊戲效果**

★培養孩子的手眼協調能力。

★培養孩子的眼睛（視覺）追蹤能力。

★有助於孩子大肌肉運動技術的發展。

★有助於孩子抓球與放球等技術發展。

● **培養孩子潛能的祕訣與應用**

　　若是把籃子斜放，會更容易進球。也可以讓孩子與爸爸、媽媽面對面，玩丟球和接球遊戲。若要更輕鬆些，可以將籃子放在近處，坐著把球丟進去。使用透明容器取代籃子時，孩子會看到球在容器裡滾動的模樣而覺得更有趣。

幼兒發展淺談　如何進行「睡眠教育」？

　　媽媽總會擔心孩子睡太少或睡太多。還有，要是媽媽太常在夜間起身，等於處於睡眠不足的狀態。根據研究，2個月大的孩子每天平均睡16個小時左右，等到12個月大左右，大約睡13個小時，且夜晚睡覺時，大概會醒來1至2回。

為了讓媽媽與孩子有更健康的睡眠模式，至少在出生滿3個月以前，就要開始進行睡眠教育。費城兒童醫院睡眠中心的敏德爾（Jodi A. Mindell）博士建議用以下三階段來進行成功的睡眠教育。

● **第一階段：訂定睡眠日程。**孩子的白天和夜間睡眠最好時間固定。一般常見的情形是，週歲過後在晚上7至8點之間入睡，早上8點左右起床。雖然每個孩子的入睡時間各有不同，若是孩子出現揉眼睛、吸吮手指或嗯哼哭鬧等信號時，便可準備讓孩子睡覺了。

● **第二階段：在孩子很睏但還醒著時，就讓他在床上躺好。**只有這樣，他才會學到「躺床上就得睡覺」的原則。在孩子醒著時讓他躺著，媽媽輕拍撫摸、唱搖籃曲或說故事給他聽，給予「媽媽就在一旁」的安全感。睡眠教育預計至少進行兩週以上。待孩子適應與媽媽一起入睡之後，很快就能自行入睡。

● **第三階段：讓孩子了解「該睡覺」的時間，營造睡眠意識。**幫孩子洗澡、換衣服、念書或唱歌給孩子聽，各種活動都能涵括在內，但重要的是，必須要有一貫性。經常性地在完成相同活動後就要入睡，孩子逐漸會學習到，進行該活動時，就是準備睡覺時間囉。

統合領域：身體與感覺

室內棒球

☑ 孩子的手眼協調能力獲得發展
☑ 增加手臂和肩膀的大肌肉運動

這是在下雨天或寒冷的冬天也能待在室內玩耍的運動大肌肉遊戲。

● **準備物品**
餐巾紙捲心、報紙（或軟球、氣球）

餐巾紙捲心　報紙　軟球

● **遊戲方法**

1. 把報紙揉成球。
「壯壯，我們一起來用報紙做顆球。這樣把報紙揉一揉，就變成球啦。」

2. 示範給孩子看。爸爸丟球時，媽媽用餐巾紙捲心擊球。
「注意看好媽媽的動作。如果球這樣飛過來，就要『砰──』打出去。」

3. 由爸爸丟球，孩子擊球，媽媽則要接住孩子擊出的球。
「好，換壯壯來打打看。爸爸要丟球囉。一、二、三，丟。壯壯啊，很好玩吧？要不要再玩一次？爸爸會慢慢丟喔。一、二、三，丟。」

047

4. 變換角色，換孩子丟球，爸爸（或媽媽）擊球，媽媽（或爸爸）接球。

「這次壯壯丟球看看。爸爸會把球打出去。來！一、二、三。」

● **遊戲效果**

★ 一邊看著球飛來，一邊要用球棒打球，這是發展手眼協調能力的機會。

★ 丟球或打球時的動作，都是會使用到手臂和肩膀等大肌群的運動。

★ 從訂立角色與丟擊球的順序，幫助孩子在過程中遵循，並藉此理解遊戲規則。

● **培養孩子潛能的祕訣與應用**

走出室外或到公園玩棒球遊戲，由孩子與爸爸、媽媽分別擔任丟球、擊球、接球的角色，玩起來會更開心。

幼兒發展淺談　上下樓梯的挑戰

　　開始走路的孩子很快就會挑戰爬樓梯，15至16個月大的孩子，一半左右能夠上樓梯，到了滿18個月左右，大部分的孩子都會上樓梯了。若是觀察孩子剛開始上下樓梯的情形，孩子的性格就顯露無遺。有的孩子會在樓梯前方停下來，絕對要扶著牆壁（或把手），才願意一步一步、小心翼翼地走。也有孩子是自始就不顧一切地邁步而摔跤跌倒。如果孩子不會上樓梯，從這時期就可以來教他了。

● **先從上樓梯開始嘗試**。如果孩子自己還不是走得很好，可以讓他手腳並用爬上樓梯。協助孩子對準階梯，並留心看照。

● 如果獲得協助就能上下樓梯，這時候只剩多練習了。每天至少給予孩子一次上下樓梯的機會。

● 讓孩子養成走到樓梯前，先停下腳步，再上下樓梯的習慣。

● 在孩子相當程度習於上下樓梯之前，請隨時陪候在旁，才能提供必要的協助與看顧。

統合領域：身體與感覺／語言

動物農場保齡球

☑ 增進手眼協調力與抓球放球的技巧
☑ 有助於動物與叫聲配對的認知能力發展

這個遊戲可以開心地玩保齡球，還能配上動物叫聲，更棒的
是，只要有一顆小球，隨時隨地都能玩。

● **準備物品**
使用完畢的捲筒衛生紙捲心6個、
麥克筆、小球

麥克筆
衛生紙
捲心

● **遊戲方法**

1. 在使用完畢的衛生紙捲心上繪製各種動物（也可以貼上圖
案）。一邊畫，一邊向孩子述說動物的特徵（如叫聲等）。
「壯壯，我們來畫壯壯喜歡的動物。先畫什麼呢？先來畫牛媽
媽，猜猜看牛媽媽怎麼叫呢？沒錯，是『哞哞』叫。接下來
畫小雞，小雞是『啾啾』叫。再來畫狗狗，狗狗是『汪汪』
叫。……」

2. 把畫上動物的衛生紙捲心疊成塔。
「我們把這些動物疊起來。最下面放3個，中間放2個，最上面
放1個。要小心，別弄倒了。」

3. 把球滾出去，弄倒衛生紙捲心做成的塔。

「好，注意看媽媽的動作。像這樣把球滾出去，就會把塔撞倒了。」

4. 一邊撿起掉落的衛生紙捲心，一邊引導孩子說出動物名稱或模仿叫聲。

「牛媽媽掉下來了耶。壯壯啊，牛媽媽怎麼叫呢？沒錯，『哞哞』叫。好厲害。這次換壯壯來滾球。看看這次會是誰掉下來呢？」

衛生紙捲心

● **遊戲效果**

★增進手眼協調能力的發展。

★增進抓球和放球技術的發展。

★有助於動物與動物叫聲配對的認知能力發展。

● **培養孩子潛能的祕訣與應用**

　　如果想讓更多的衛生紙捲心倒落，可以變換擺放的方式，如擺的像保齡球的陣式，最前面放1個，第二排放2個，第三排放3個。

幼兒發展淺談　積木遊戲有助於語言發展

　　雖然廣告宣傳擁有眾多玩具的孩子更有利於認知發展，但客觀上幾乎並未顯露此一效果。西雅圖兒童醫院暨華盛頓大學的克里斯塔基斯（Dimitri A. Christakis）博士團隊以18至30個月大的孩子為對象，研究積木遊戲的效果。一組對象是將積木組和積木遊戲指南寄送至家中，另一組對象則未寄送積木。研究人員假裝告訴父母，研究目的是要研究孩子對時間的運用，請他們把孩子24小時的活動情形記錄下來、寫成日誌。6個月後，測定孩子的語言和注意力。

　　依研究結果來看，收到積木的那組孩子的語言分數比另一組高出15%。不過，注意力方面，兩組之間並無差異。日誌資料等經過分析的結果顯示，收到積木的組別用於玩遊戲的時間較長，用於收看電視或影片之類阻礙語言發展的時間較短。研究人員建議，為增進語言發展，最簡單而有趣的方法就是父母陪孩子一起玩積木遊戲。

統合領域 : 認知

記憶力遊戲

☑ **訓練短期記憶力**
☑ **提升專注力**

這是能夠訓練孩子專注力和記憶力的簡單遊戲，可以配合孩子的發展情形，調整成不同的程度來進行。

● **準備物品**
小玩具1個、不透明塑膠杯3個

杯子
小玩具

● **遊戲方法**

1. 在孩子注視之下，把小玩具藏入其中一個倒放的塑膠杯。
「圓圓啊，我們來玩找玩具的遊戲，好不好？注意看。媽媽把玩具藏在杯子裡了。」

2. 請孩子來找找看玩具。
「圓圓，你來找找看玩具在哪裡？媽媽藏在哪裡了呢？。」

3. （孩子找到玩具的話）再藏一次讓孩子找。
「沒錯，找到了。想不想再玩一次？要注意看唷。」

4. （孩子找不到玩具的話）把杯子一個個依序掀開，確認玩具是否藏在裡頭。

● **遊戲效果**

★ 提升孩子的短期記憶能力。

★ 提升孩子的專注力。

● **培養孩子潛能的祕訣與應用**

如果孩子很容易就找到，可以逐漸拉長藏玩具和找玩具的時間間隔，提高遊戲的難易度。如果要讓遊戲更簡單，杯子數可以減至2個。若要提高遊戲的難易度，可於玩具藏到杯子裡頭之後，在孩子眼睛注視的情況下變換杯子的位置。

幼兒發展淺談　孩子能夠專注多久時間呢？

孩子可以一動也不動地盯著自己的手指看，或像被電視吸進去一般全神貫注。但玩某些玩具不到1分鐘，又會去找其他東西，或有時念書給他們聽，沒聽兩句就立刻起身去做其他事情。其實，孩子集中注意力的時間長短，隨著當日狀況與孩子氣質而差異甚大。因此，在4至5歲以前，很難診斷是否有注意力不集中的問題。一般而言，4歲左右的孩子能夠專注約10至15分鐘左右。

提升孩子專注力的幾個有效方法如下：

- **避免過度刺激**：若是持續提供過度刺激，孩子對於一般刺激很容易就會失去興致。孩子會本能地探索自己的身體、動作或周邊環境，同時體驗到充分趣味。所以有時也需要給予孩子獨處的時間。

- **電視或影片會妨害孩子集中注意力**：雖然電視或影片的畫面與聲音會吸引孩子注意，但會妨害孩子自發性的專注。

- **在安全舒適的場所，孩子能夠專注於一種活動**：在充滿不准碰的東西的危險場所，孩子多半無法專注。

- **以簡單、但用途多元的玩具為佳**：若是給予孩子積木或球之類的玩具，雖然簡單，但玩法多元，孩子可以吸吮、觸摸、聞味道、搖晃、丟擲，用各式各樣的方式玩耍與探索。反之，功能有限（且多半更昂貴）的複雜玩具看似能夠提供更好的教育刺激，但因為太過複雜，孩子只能徒然盯著看。

- **讓孩子選擇**：孩子對於自己選擇的活動或玩具，當然較為專注。孩子在選擇玩具或遊戲等活動時，父母勿過度介入和代為選擇，宜給予孩子選擇的時間和從旁觀察。

統合領域：認知

玩具躲貓貓

☑ 發展推論結果的能力，有助於專注力
☑ 引起孩子對與期待不一致事件的好奇心

孩子雖然已經理解「即使眼睛看不到，該物體仍然存在」的物體恆存概念，但是他們還無法完全理解「在看不見之處消失的玩具，究竟會在哪裡」。對他們而言，這個遊戲就像變魔術一般。

● 準備物品
無法透視裡頭的毛巾或毯子、
不透明塑膠杯、小玩具

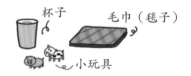

杯子　　毛巾（毯子）

小玩具

● 遊戲方法

1. 把小玩具藏入看不見內部的塑膠杯。
「圓圓啊，我們來玩找玩具的遊戲，好不好？注意看，媽媽把玩偶藏到杯子裡。」

2. 把塑膠杯倒放之後，蓋上大毛巾（或毯子）。
「把杯子倒過來，放在毛巾下面。」

3. 接著，把玩具留在毛巾下面，只把空杯子慢慢地取出來。
「把杯子拿出來。咦？那玩具呢？跑到哪裡去了？」

4. 給孩子足夠的時間找玩具。
「圓圓啊，玩具跑到哪裡去？圓圓找找看。在杯子裡嗎？跑哪去了？」

5. 如果孩子找到玩具，給予口頭稱讚。如果找不到，就拉起毛巾給孩子看。
「（找到玩具時）圓圓找到了耶。原來在毛巾下面啊。哇，好厲害。」
「（找不到玩具時）圓圓啊，玩具在哪裡呢？和媽媽一起找找看吧！你看這裡，原來在毛巾下面啊，對吧？」

● 遊戲效果
★ 發展推論玩具位置的能力，尤其是在看不見的情形下變更位置。
★ 引起孩子對於「與期待不一致事件」的好奇心。
★ 有助於孩子專注力的發展。

● 培養孩子潛能的祕訣與應用
　　一開始，大部分的孩子會持續往杯子裡頭看，試圖找出玩具。這是因為孩子並未眼見玩具位置變換之故。不過，孩子在6個月大以後，便發展出能夠推論在看不見之狀態下發生之事的認知能力。這個遊戲也可以不用杯子，把玩具藏在手中之後，蓋上毛巾，再攤開手給孩子看。

幼兒發展淺談　為什麼幼年時期的回憶很少？

　　小孩子學說話，不斷學習世上一切事物，這時記憶力是不可或缺的。而且，即使是很小的孩子，也有這方面的記憶力。但是，為什麼我們不太能記得3歲以前的事呢？首先，學說話和學習概念意涵時所使用的記憶稱為「語意記憶」，記憶發生事件的記憶則稱為「事件記憶」。也就是說，記憶的種類不同，在腦部儲存的地方也不同。因此，儘管語意記憶維持，但事件記憶可能喪失。

　　幼兒時期的事情記得不多的現象稱之為「嬰兒時期記憶喪失症」。目前解釋眾說紛紜，其中之一與語言使用有關。意即在還不會使用語言時的記憶，會以非語言的方式儲存，待使用語言之後，這部分的記憶會讀取失敗。一直要到4歲左右，大部分的孩子能夠用話語說明自身經驗時，才比較能記得住事件。嬰兒時期記憶喪失症的確切原因尚不明朗，但無可否認的是，語言在記憶中扮演了重要角色。

統合領域：認知／語言

看照片說故事

☑ 短期記憶力與長期記憶力同步提升
☑ 訓練孩子「說明」事件的表達能力

這是利用與家人、玩伴的回憶，來開發並提升孩子記憶力的遊戲。

● **準備物品**

外出旅遊或親友的照片2至4張

家族合照

● **遊戲方法**

1. 把2張家族相片一起擺放在孩子前方。
   「圓圓啊，你看這裡。這裡有相片耶。」

2. 一邊看著一張相片，一邊向孩子詢問這些相片是「什麼時候拍的相片」「拍到了誰」，並針對相片先做說明。
   「我們先看這張照片。這裡面有誰啊？沒錯，有媽媽和爸爸。這是爸爸、媽媽去公園玩的相片。這裡有好多的樹，好多的花。不過，圓圓在哪裡？啊，那個時候圓圓還在媽媽的肚子裡。……」

3. 把相片都翻至背面。
　「媽媽要把相片翻過來了。」

4. 對孩子詢問第一張相片中有誰。如果孩子不記得，給予提示。
　「圓圓，這張相片（第一張相片）裡有誰呀？仔細想想看。」
　「（如果孩子不記得，給予提示）這張相片裡有好多的樹，還
　有很多漂亮的花……」

5. 針對第二張照片，依步驟1.～4.來玩遊戲。

● **遊戲效果**

★一邊看照片，一邊做說明，提升孩子對於過去事件的長期記
　憶能力。

★提升孩子對於剛剛看到與聽到的事件的短期記憶能力。

★能夠學習到一邊看相片，一邊用話語來表達事件的方法。

● **培養孩子潛能的祕訣與應用**

　　按照孩子的記憶能力，相片張數可以逐漸增加。亦可使用
孩子曾經探訪之處的相片或動物照片。外出後或與親戚朋友見
面後，遂與孩子討論當日的事情，即是提升記憶力的最佳活
動。還有孩子喜愛的圖案或卡片，也不妨善加利用。

幼兒發展淺談
教育性節目（影片）真的對孩子有教育效果嗎？

　　根據研究，韓國12個月大左右的嬰幼兒平均一天看電視2小時。美國情形也差不多。美國華盛頓大學的研究指出，3個月大的嬰兒中，約40％已經在看電視。

　　當孩子全神貫注看著的電視節目，真的有助於學習嗎？其實，雖然較年長的兒童可以透過教育性節目進行學習，但是嬰幼兒則否。嬰幼兒收看電視，反而會妨害他們的語言和認知發展。西雅圖兒童醫院克里斯塔基斯博士研究，嬰幼兒時期多看電視的兒童，到了7歲時，注意力集中的時間較短，常有注意力不集中或無法專注方面的問題，且較為衝動。還有，他們較晚才學會字母與數字。賓州大學研究顯示，3歲以前看《芝麻街》的兒童的語言發展較為遲緩。造成此一結果的原因在於，嬰幼兒學習時應採積極參與的態度，電視會讓他們變得被動。

　　美國小兒科學會建議別讓2歲以下的孩子看影片或電視。實際上，華特迪士尼公司專為幼兒製作的〈小小愛因斯坦〉影片系列不再使用「具教育性」的廣告文句，且順應幼兒專用影片對於孩子的發展弊多於利之主張，〈小小愛因斯坦〉影片接受退貨。

統合領域：認知／身體與感覺

找蓋子

☑ 視覺辨別能力與配對能力獲得發展
☑ 訓練小肌肉的使用，提升問題解決力

在廚房裡、客廳裡，四處可見的空保鮮盒、空瓶罐等，也能成為孩子的絕佳玩具兼教具。

● **準備物品**
有蓋的鍋子、塑膠保鮮盒、瓶子等，
任何有蓋子的東西都可以（要耐得住摔的）

● **遊戲方法**

1. 準備3至4個有蓋子的塑膠保鮮盒（大小、樣式、顏色各異的尤佳）、鍋子和瓶子。
   「圓圓啊，和媽媽一起用保鮮盒和鍋子來玩遊戲，好不好？」

2. 讓孩子把容器的蓋子一一打開。
   「好，圓圓來把蓋子全部打開囉。對，好棒。這個瓶子的蓋子是藍色的。還有其他盒子的蓋子也要打開。」

3. 把無蓋的容器放在一起。
   「把盒子全部收到這邊來。」

4. 拿起一個鍋子，請孩子尋找這個鍋子的蓋子。

　「現在來找蓋子囉。這個鍋子的蓋子在哪裡呢？找找看。」

5. 接下來，把其餘的無蓋容器依步驟4.進行。

　「（若是順利找到蓋子）這個蓋子沒錯，好厲害。再來找下一個蓋子吧。」

　「（若是無法順利找到蓋子，則給予提示）這個蓋子不對。那麼，哪一個蓋子才對呢？嗯，我們來看看有沒有和這個鍋子相同顏色的蓋子。這裡有耶。沒錯，這個蓋子和鍋子的顏色一樣。我們來蓋蓋看。」

● **遊戲效果**

★針對形狀、材質、大小等特性的視覺辨別能力獲得發展。

★配對相同或類似東西的對應能力獲得發展。

★蓋蓋子的時候，能獲得運用小肌肉的機會。

★配對不成時，正是在訓練孩子問題解決的能力。

● **培養孩子潛能的祕訣與應用**

　孩子無法順利找到蓋子也沒關係。請讓孩子一邊玩遊戲，一邊仔細觀察保鮮盒或鍋子的材質、形狀、大小。可將盒子和蓋子混放一處，讓孩子先從找出蓋子開始。至於針對很會找蓋子的孩子，遊戲可以添加運用記憶力的玩法。在盒子裡放入小玩具，打開蓋子拿出小玩具之後，再將盒子與蓋子混放，找蓋子的時候，還要記得原本在盒子裡的小玩具，所以是難度更高的找蓋子遊戲。

063

幼兒發展淺談 聽莫札特音樂的孩子，頭腦會比較靈光嗎？

曾經聽過一個說法，如果聆聽莫札特的音樂，孩子的頭腦會變得比較好，這被稱之為「莫札特效應」，許多父母因此播放古典音樂給孩子聽，甚至曾經蔚為風潮。不過，關於莫札特效應的科學研究結果並非如此肯定，而且以甫出生嬰兒為對象的研究結果尚付之闕如。

美國加州大學爾灣分校研究團隊在一九九三年以大學生為對象進行莫札特效應的研究。這項研究是緣於他們進行測定空間知覺能力的智力測驗時，結果顯示聽莫札特音樂的大學生分數提升。不過，研究人員也指出，該效果是一時性的。二〇〇六年在英國曾以8000名兒童為對象進行一項研究。實驗分成兩組，一組聆聽莫札特的音樂，一組聆聽搖滾音樂。結果顯示，雖然聽莫札特音樂的孩子們表現變好，但聽搖滾音樂的孩子們獲得更高的分數。也就是說，固然音樂有助於智能表現，但孩子聆聽自己喜愛的音樂時，效果更為顯著。

研究人員的結論是，如果聆聽音樂，尤其是自身喜愛的音樂，就像喝杯咖啡一樣，會出現某種程度的腦部喚醒效果。不過，從研究角度來看，這並非智力提升。

統合領域：認知／身體與感覺／語言

找形狀

☑ 辨別顏色、形狀、大小的能力獲得發展
☑ 黏貼與撕下魔鬼氈的動作有助小肌肉發展

利用媽媽親手製作的遊戲教具，來與孩子一起玩有趣的認知遊戲吧。

● **準備物品**
厚紙板（或文件夾）、氈布、
魔鬼氈（魔術貼）膠帶、剪刀、筆

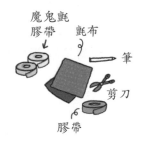

魔鬼氈
膠帶
氈布
筆
剪刀
膠帶

● **遊戲方法**
∣ **製作各種形狀的教具** ∣
①從氈布上剪下各種顏色的圓形、三角形、四方型。
②在厚紙板上繪製相同的形狀。
③在各種形狀的氈布和厚紙板上貼上魔鬼氈。

1. 選取從氈布上剪下來的圓形。
　「壯壯啊，媽媽這裡做了好多種不同的圖形。想不想看有什麼
　形狀呢？有黃色的圓形唷。」

2. 引導孩子在厚紙板上尋找與所選圓形大小形狀相同的圖案。

「在紙板上找找看圓形的家。這個圓形應該要放到哪裡呢？（一邊故意把圓形試著對到其他圖形的圖案上）這裡嗎？不然是這裡嗎？（慢慢移到圓形的圖案）啊，這裡才是圓形的家呀。」

3. 把從氈布剪下的圓形用魔鬼氈黏至厚紙板上。

「壯壯，把圓形貼在它的家，讓圓形不會跑到別人的家。」

4. 其他形狀亦重複步驟1.～3.，讓孩子嘗試依照圖形做配對。

● **遊戲效果**

★辨別顏色、形狀、大小的能力獲得發展。

★黏貼與撕下魔鬼氈的動作有助於小肌肉的發展。

★能夠學習顏色、形狀、大小等相關語彙。

● **培養孩子潛能的祕訣與應用**

　　雖然氈布可以用紙替代，魔鬼氈也不是非用不可，不過，多數孩子很喜歡聽到黏貼與撕下魔鬼氈時發出的聲音。孩子自己在玩找形狀的遊戲時，媽媽在旁解說孩子的舉動，有助於孩子學習形狀和顏色的詞語。

　　在我們的日常生活中，也能找到圓形、三角形、四方形等基本圖形。可以與孩子一同尋找生活中的圖形。在大人沒能想到的地方，也許孩子已經找到圖形了。

- **圓形**：奶瓶蓋、盤子、杯子（從正上方俯視）
- **四方形**：書、卡片、智慧型手機、電視、平板
- **三角形**：三角板、三明治、屋頂、御飯糰

幼兒發展淺談　認識圖形

　　孩子最先認識的圖形是圓形，接著依序是四方形、三角形。若依年齡來看，13個月大的孩子有48%認得圓形，21%認得四方形，三角形則比較少，僅約14%左右。不過，到了18個月大，約95%的孩子能夠找到圓形，四方形和三角形則各有67%和71%的孩子能夠找到，也就是說，大部分孩子都能找到基本圖形。

統合領域：認知／語言／身體與感覺

分類遊戲

☑ 培養區別形狀或物品的辨別能力
☑ 運用小肌肉的技術可以獲得發展

這是理解「一樣／不一樣」概念之後，就能輕鬆玩的認知發展遊戲。

● **準備物品**
積木5塊、球5顆、箱子和圓籃

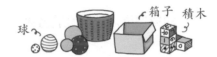

球　箱子　積木

● **遊戲方法**

1. 準備好積木、球、籃子和箱子。
   「圓圓啊，把積木和球拿過來。和媽媽一起玩遊戲。」

2. 把積木與球混放。
   「像這樣把積木和球通通混在一起。」

3. 媽媽拿起積木，讓積木像是在走路一般移動，最後放入一旁的籃子。
   「現在注意看。積木和球要找回自己的家。積木這樣走路，回到自己的家（籃子）。」

4. 接著，把球一邊滾一邊慢慢放入旁邊的箱子。
「球也這樣滾滾滾──，回到自己的家了（箱子）。」

5. 再拿起一塊積木，詢問孩子「積木的家在哪裡」。
「這塊積木也要回家了。它不知道家在哪裡。圓圓來教它，積木的家在哪裡呢？」

6. 然後，引導孩子把積木度放入積木籃。
「沒錯，積木的家在這裡（籃子）。」

7. 把其餘的球和積木拿給孩子，讓他分別放在籃子和箱子裡。
「圓圓來幫他們找到家。這塊積木（這顆球）該去哪裡呢？」

● 遊戲效果
★ 培養孩子區別形狀或物品的辨別能力。
★ 滾球或讓積木像走路一樣移動時，所需運用到的小肌肉技術同步獲得發展。

● 培養孩子潛能的祕訣與應用

　　孩子喜愛的玩具（如玩具車和玩偶的分類）或圖案（如魚和貓咪的分類）等任何東西，皆可用來分類。對形狀相似的東西（如貓和狗、蘋果和橘子）進行分類，可以提高遊戲難度。

幼兒發展淺談　幼兒能區別相似的發音

　　根據加拿大英屬哥倫比亞大學薇克（Janet F. Werker）教授的研究，孩子理解語音的第一階段，係從母語中區別出重要的語音差異。例如，注意中必須區別「ㄉ」與「ㄋ」的發音。根據薇克教授的研究，多數孩子與生俱來「區別世界任何國家語言相似發音」的能力。隨著孩子對母語愈來愈熟悉，這個能力通常會在1歲左右消失，不過，他們仍能區分母語的相似發音。

統合領域：人際社會與情緒／身體與感覺

小手疊疊樂

☑ 發展孩子手眼協調的能力
☑ 增加親子肢體接觸、目光對視的機會

這個社交遊戲十分簡單，孩子與媽媽輪流疊手即可。可以和孩子持續地玩，直到玩倦了為止。

● **準備物品**
無

● **遊戲方法**

1. 媽媽與孩子都坐在地上，或孩子坐在幼兒椅上也可以。
「壯壯啊，和媽媽面對面坐好，我們來玩有趣的遊戲。」

2. 首先，媽媽把一隻手放下來，手掌貼地（或放在桌面上）。
「媽媽會先這樣把手放下來。」

3. 然後引導孩子的其中一隻手以同樣方式疊在媽媽手上。
「壯壯也把一隻手放在媽媽手上。」

4. 媽媽的另一隻手再度疊在孩子手上。
「那媽媽要再把一隻手放下來。」

5. 讓孩子的另一隻手往媽媽的手上疊放。

「這一隻手也要疊上來。」

6. 接著，媽媽抽出自己墊在最下面的手，放到上層。以此類推，重複動作。

「媽媽要把最下面的手抽出來，放在最上面囉！換壯壯了，也把最下面的手放上來。怎麼樣？好玩吧？」

● **遊戲效果**

★ 孩子的手眼協調能力獲得發展。

★ 在與孩子雙手相握和目光對視的過程中，親子情感交流獲得發展。

● **培養孩子潛能的祕訣與應用**

　　若是爸爸、媽媽與孩子三個人一起玩，手可以疊得更高，遊戲會更好玩。

幼兒發展淺談　嬰幼兒與大人同睡會有危險嗎？

　　在某些亞洲國家或北歐等風俗裡，父母與嬰幼兒同床是極為自然的事情。反之，在美國、加拿大等國家裡，通常讓嬰幼兒單獨睡在嬰兒房的嬰兒床上。不過，最近美國也有愈來愈多父母為了夜間哺乳方便及親近孩子而與孩子一起睡。以致有關同寢安全性的正如火如荼爭論著。有的研究結果顯示，與父母共床同寢之嬰兒的猝死率較高，但亦有研究結論恰好相反。看起來或許是因為成人用床鋪或寢具對3個月以下的嬰兒並不安全之故。

　　孩子睡覺時的注意事項如下：
● 過軟的床鋪會有窒息死亡的危險。
● 床鋪上別放置動物玩偶或多於的枕頭（抱枕）。
● 絕對不要把羊毛或其他毛料素材放在床鋪上。
● 絕對不要讓孩子自己睡在沙發上。

　　結論是，孩子未滿6個月之前，最安全的做法是在爸爸、媽媽的床鋪旁邊放置嬰兒床給孩子睡，或讓孩子背部向下、平躺睡覺。

統合領域：人際社會與情緒／語言

合作塗鴉

☑ 讓孩子學習分享與合作的精神
☑ 提供孩子用言語表達己意的機會

這是可以教導自我主張意識高漲的孩子，學習分享和協力合作的簡單遊戲。

● **準備物品**
紙、蠟筆

● **遊戲方法**

1. 若有手足，可以讓孩子與哥哥、姐姐一起玩。若沒有手足，則由朋友（玩伴）或爸爸、媽媽一同參與遊戲。
「圓圓啊，我們一起來畫畫。」

2. 拿一張紙，和孩子一起畫畫。刻意只拿出2至3個顏色的蠟筆，才能達到輪流使用的目的。
「紙只有一張，要怎麼畫才好呢？對了，圓圓畫那邊，媽媽畫這邊。圓圓要用什麼顏色的蠟筆？媽媽先用藍色的，之後再換圓圓。我們兩個輪流用。」

● 遊戲效果

★ 讓孩子能夠學習分享和合作的精神。

★ 提供孩子用言語來表達自己意思的機會。

● 培養孩子潛能的祕訣與應用

　　這個遊戲不只是畫畫，還讓孩子有機會與其他人一同進行喜愛的活動。一邊畫畫時，媽媽亦可一邊詢問孩子正在畫什麼，並且讓他有機會多做說明。孩子與朋友或手足一起玩的時候，剛開始不容易馬上做到分享和協力合作，還有可能出現打人或咬人等攻擊性的反應，當有搶玩具或要賴哭鬧的情況，大人務必在旁調解。

幼兒發展淺談　幼兒15個月大就懂「公平」

　　孩子手上握的食物或玩具，絕對不會分享給其他人嗎？根據一項研究，約15個月大的孩子就懂得公平，也知道分享，只是每個孩子分享的形式有所差異。

美國華盛頓大學的桑默維爾（Jessica A. Sommerville）教授團隊曾經對孩子對於共享行動和公平意識的敏感性進行研究。他們先讓15個月大的孩子觀看影片，影片內容是大人以公平或不公平的方式與他人分享餅乾或牛奶，然後觀察孩子看過影片的反應。結果顯示，大部分孩子再受到不公平待遇時，會表現出嚇一跳的反應，並且盯著看很長時間。然後，研究人員再拿兩個玩具給孩子，讓孩子先選一個，選完之後，大人問孩子「可以給我嗎」，三分之一的孩子會把自己所選的玩具拿給大人，三分之一給非自己所選的玩具，其餘三分之一的孩子則是任何玩具都不給。

不過，有趣的是，給予自己所選玩具的孩子，大部分（92%）是看到影片中不公平分享時會感到驚訝的孩子（利他分享）。給予非自己所選玩具的孩子，約86%是看到以公平方式分享時會感到驚訝的孩子（利己分享）。

根據研究人員的看法，人類基因中就有對於公平意識的敏感性流傳下來。不過，若是自己手中東西絕對不會分享他人的孩子，則需要透過後天教導分享的概念。

統合領域：人際社會與情緒／語言／身體與感覺

一二三，木頭人

- ☑ **孩子的平衡感和協調力獲得提升**
- ☑ **搭配歌謠決定動作，聽力獲得提升**

與孩子一起開心唱歌、跳舞，然後突然停下不動，這是會讓孩子開懷大笑的遊戲。

● **準備物品**

無

● **遊戲方法**

1. 抱著孩子，一邊跳舞，一邊唱歌。
「媽媽抱著壯壯來跳舞，好不好啊？好，媽媽一邊唱歌，我們一邊跳舞。啦啦啦啦……，一二三，木頭人！」

2. 說完「一二三，木頭人」，就突然停止跳舞。
「啊，媽媽變成木頭人了，壯壯也不能動唷。」

3. 再度一邊唱歌一邊跳舞，重複步驟1.和2.。

● **遊戲效果**

★透過與媽媽的身體接觸，紐帶情感獲得提升。

★一邊跳舞一邊搖晃身體時，平衡感和協調力都獲得提升。

★配合歌謠來決定開始動作或停止，孩子聽力獲得提升。

★因為停止動作時，不論孩子做任何動作都得停止，得以增強
　身體調節能力。

● **培養孩子潛能的祕訣與應用**

　　孩子熟悉遊戲的話，就可以把孩子放下來，讓孩子試著
自己跳舞，並配合歌謠的停止指令來動作。

幼兒發展淺談　孩子聽媽媽唱歌，比聽媽媽說話更專注

　　看過某部YouTube影片，有個孩子專注聆聽媽媽唱歌，甚至流下淚來（孩子其實並不了解歌詞內容）。這真的很神奇。不過，根據日本和加拿大的研究，孩子聆聽媽媽唱歌的聲音時，可以專注更長的時間。歌謠能向孩子傳達情緒上的感動，再加上是由媽媽唱的歌，他們會更專注聆聽。

　　研究人員把錄製媽媽唱歌或說故事的影片拿給6個月大的寶寶看。比起聽媽媽說話，寶寶在聽媽媽唱歌會專注更長的時間，而且是直盯著看。還有，比起看著媽媽說話時，他的動作會減少，這是孩子非常專注的表現。

　　根據研究人員的看法，由於歌謠比話語更具重複性，能夠讓孩子的清醒程度維持在適當水準。而且，音樂有規則的節奏，亦可增進媽媽與孩子之間的情緒和諧。

統合領域：語言／身體與感覺／認知

這個是什麼？

☑ 讓孩子有學習物品名稱的機會
☑ 發展由不同角度看東西的觀點取替能力

這個遊戲要利用智慧型手機（或平板）的相機，讓孩子練習用各種不同的方式來看事物。

● **準備物品**
智慧型手機或相機

（智慧型手機）相機

● **遊戲方法**

1. 用智慧型手機拍下家中物品（如冰箱、沙發、椅子、玩具等）的照片。近距離或從不同角度拍攝，讓東西看起來與日常眼光所見不同，遊戲會更有趣。
「壯壯，和媽媽一起來玩照片遊戲。媽媽先來拍照。」

2. 把智慧型手機的照片拿給孩子看，請他在現場找尋該物品。
「這張照片是什麼呢？壯壯來找找看在哪裡。」

3. 如果孩子正確找到照片中的物品，給予口頭稱讚。如果看照片而未能正確找到物品，就讓孩子和媽媽一起找，並協助孩子確認照片中的物品。

「（孩子找到時）壯壯真的好厲害。沒錯，這是壯壯心愛的噗噗車。下一張照片是什麼呢？」

「（孩子未能找到時）很難找嗎？那媽媽來幫你一起找找看。來，你看這個輪子，是不是就是噗噗車的小輪子啊。」

● **遊戲效果**

★能夠學習到物品的名稱與特徵。

★用不同角度看東西的觀點取替能力獲得發展。

★對應照片和物品的能力獲得發展。

● **培養孩子潛能的祕訣與應用**

除了物品整體的照片，還可以用物品某一部分的照片來玩，這樣遊戲的難度更高。閱讀看到部分（大象的鼻子）猜猜整體（大象）的圖畫書，也能讓孩子產生興趣。列印或沖洗出照片，讓孩子可以一直放著看，亦是個好方法。

幼兒發展淺談　孩子透過電視學習情感

　　塔夫斯大學的穆美（Donna L. Mumme）教授團隊以12個月大的孩子為對象，給予他們首次見到的物品（如塑膠閥），讓他們任意觸摸與探索。然後讓孩子觀看影片，影片中大人對著該物品述說相同內容，透過臉部表情和聲音展露負面情感（恐懼）、正面情感（幸福）和中立情感。看過影片的孩子面對電視裡呈現負面表情的物品時，與呈現中立表情的物品相比，他們會較少觸摸且避開。不過，對於演員呈現幸福表情的物品，他們並不會多加觸摸。雖然表面上孩子似乎是漫不經心地看著打開的電視，其實在12個月大以後已會受到電視影響。孩子看到電視中演員不愛吃青花菜的場景，實際生活裡也可能討厭青花菜。所以請務必留意孩子與大人一起觀看的節目內容，對孩子是否適宜。

統合領域：語言／身體與感覺／人際社會與情緒

來玩彩色球

☑ 讓孩子認得顏色，學習顏色名稱
☑ 傳接球時，可增加大肌肉的運動

在這個趣味十足的好玩遊戲中，孩子可以一邊玩球，一邊學習顏色的名稱。

● **準備物品**
紅色、黃色、藍色等各種顏色的球

● **遊戲方法**

1. 拿著不同顏色的球，與孩子面對面坐下。
「壯壯，和媽媽一起玩球。這裡有紅色、藍色、黃色的球。」

2. 一邊把紅色球滾向孩子，一邊說「紅色的球滾過去囉。」
「媽媽要把球滾過去，壯壯要接住唷。要滾什麼球呢？先來滾紅色的球。紅色的球滾過去囉！」

3. 如果孩子抓到球，接下來就滾黃色的球，並且說著「黃色的球滾過去囉。」
「這次是黃色的球要滾過去囉！」

4. 再拿起藍色球，重複以上的步驟。
　「藍色的球也要滾過去囉！」

5. 最後，輪到孩子滾球。媽媽要記得告訴他球的顏色。或先向孩
　子說「現在滾紅色的球」，讓孩子試著滾指定顏色的球
　「換壯壯來滾球。壯壯先滾紅色的球吧！」

● **遊戲效果**
★孩子能夠學習顏色的名稱。
★傳球與接球的同時，可以做大肌肉運動。

● **培養孩子潛能的祕訣與應用**
　　先教導孩子個人玩具或各種接觸到的東西之名稱後，再
來教導顏色的名稱。

幼兒發展淺談　**孩子先理解形狀，再理解顏色**

　　孩子對形狀比對顏色更敏感。例如，若是要他們把不同形狀和顏色的玩具組成朋友群，他們當然會把形狀相同者集合一起，而非顏色相同者。顏色或形狀的學習亦是如此。根據研究，大多18個月大的孩子已經能夠認出圓形、三角形、四方形，並正確置放在各自對應的形狀模板中了。不過，紅色、藍色、黃色等顏色的配對則較晚，要到24個月左右才有可能。

統合領域：語言／人際社會與情緒

喂，有人在嗎？

☑ 對於孩子的語言學習有所幫助
☑ 對於角色扮演的發展有所幫助

超過12個月以後，有相當多的孩子開始會貼著電話機假裝講電話（或用手當話筒）。這是讓沉默寡言的孩子也開口說話的最佳語言遊戲。

● **準備物品**

玩具電話2隻

● **遊戲方法**

1. 孩子與媽媽一人持一支玩具電話，開始講電話遊戲。
   「壯壯，來和媽媽玩遊戲了。」

2. 媽媽先發出「鈴 ── 鈴 ── 」聲，向孩子打電話。
   「鈴 ── 鈴 ── ，電話響了。壯壯趕快接電話啊。」

3. 如果孩子把電話機貼在耳邊，便開始與孩子聊天，等候回應。
   「壯壯，我是媽媽。壯壯午覺睡飽飽了，剛起床嗎？」
   「壯壯，你在幹嘛啊？準備要吃飯飯了嗎？」

4. 如果孩子有回應，媽媽也要給予反應、延續對話。

　「有睡飽飽呀。那想不想和媽媽一起出去散步呢？」

　「晚飯要吃什麼呢？我們來煮魚跟咖哩飯，好不好？」

● **遊戲效果**

★對於孩子的語言發展有所幫助。

★對於角色扮演的遊戲有所幫助。

● **培養孩子潛能的祕訣與應用**

　可以試試使用真的電話來撥電話或接電話。12個月大的孩子有40％、18個月大的孩子有80％會貼著電話說話。不只是玩具電話，孩子也可能會拿著積木假裝是電話機而開心地玩起遊戲。

　若是孩子原先不說話，媽媽可以先撥電話給爸爸或熟識的親友（或假裝撥打），講幾句話之後，再把電話機轉給孩子，並在過程中與他進行對話。

幼兒發展淺談　請與孩子面對面說話

　　根據眾多研究得出的一項結論是，經常對孩子播放電視或收音機並不好。一般而言，如果孩子只是聆聽，對於最初的語言學習並沒有什麼效果。原因在於，語言是為了與對方溝通而產生的工具。學習語言的時候，在與媽媽目光對視之下，聆聽媽媽說話及咿呀兒語的經驗是很重要的。

統合領域：人際社會與情緒／語言／認知

如果高興就拍手

☑ 能夠讓孩子認識情緒和心情狀態
☑ 熟悉表達情緒和心情狀態的詞語

這個遊戲讓孩子從歌謠和動作中學習情緒方面的詞語，並認識理解自己的情緒狀態。

● 準備物品
無

● 遊戲方法

1. 配合常聽到的兒歌〈你若高興，你就拍拍手〉，輪唱以下歌詞和做動作。
   如果你很高興，你就拍拍手（邊笑邊拍手）
   如果你很高興，你就拍拍手（邊笑邊拍手）
   大家一齊唱啊，大家一齊跳啊
   圍個圓圈盡情歡笑拍拍手（邊笑邊拍手）
   如果你很生氣，你就踩踩腳（露出生氣表情邊踩腳）
   如果你很生氣，你就踩踩腳（露出生氣表情邊踩腳）
   大家一齊喊啊，大家一齊叫啊

圍個圓圈盡情生氣跺跺腳（露出生氣表情邊跺腳）

如果你很難過，你就嗚嗚哭（假裝擦眼淚）
如果你很難過，你就嗚嗚哭（假裝擦眼淚）
大家一齊流淚，大家一齊悲傷
圍個圓圈盡情放聲嗚嗚哭（假裝擦眼淚）

如果你想睡覺，你就打哈欠（假裝打哈欠）
如果你想睡覺，你就打哈欠（假裝打哈欠）
大家一齊愛睏，大家一齊瞇眼
圍個圓圈盡情張嘴打哈欠（假裝打哈欠）……

● **遊戲效果**
★能讓孩子認識自己的情緒和心情狀態。
★能夠熟悉表達情緒和心情狀態的詞語。
★邊聽歌謠邊做動作，增進聽覺與運動的協調能力。
★成為記憶各個動作的記憶練習。

● 培養孩子潛能的祕訣與應用

歌詞內容可做變更，藉以教導孩子調整情緒的方法。例如，可將歌詞更改如下：

如果你很生氣，你就深呼吸（緩緩一吸一吐）

如果你很生氣，你就深呼吸（緩緩一吸一吐）

大家一齊吸氣，大家一齊吐氣

圍個圓圈一、二、三深呼吸（緩緩一吸一吐）

即使在平時生活中，也要盡量多使用能夠表達孩子情緒的詞語。可由媽媽代替孩子把情緒用語言表達出來，讓他們經常聽得到。

「壯壯笑得很開心耶，心情很好（或高興）唷。」

「壯壯很難過（或生氣）在哭呀！來媽媽抱抱。盡量哭出來，心情就會變好。」

「哥哥把你的玩具拿走，惹壯壯生氣了呀。這時候就要跟哥哥說『哥哥，我們兩個一起玩』。」

「謝謝奶奶的禮物，壯壯真的好喜歡玩具車。」

除此之外，可與孩子一起共讀有關各種情緒的圖畫書。等到孩子認識自己的情緒且懂得表達之後，再把教導孩子調整情緒的方法做為情緒教育的目標。

幼兒發展淺談　孩子認識哪些情緒詞語呢？

　　孩子在18個月大時，能理解的情緒詞語如下：

● **大部分孩子能理解的詞語**：謝謝、疼疼（寶貝）、好
● **相當數量孩子理解的詞語**：開心、不要、對不起
● **半數以上孩子理解的詞語**：可怕、嚇一跳、你好、生氣

　　在18個月大孩子用來表達情緒的詞語主要為：不要
（37%）、好（26%）。

　　在24個月大時，能夠表達的情緒詞語大幅增加如下：

● **相當數量孩子會表達的詞語**：不要、好、謝謝、可怕、
好玩
● **半數以上孩子會表達的詞語**：對不起、討厭、愛、疼疼
（寶貝）

▶ Q&A煩惱諮詢室 ◀

張博士，請幫幫我！

Q 針對剛滿週歲的孩子，請您指點有助於語言發展的遊戲。

A 剛滿週歲的孩子，能夠使用10個左右的單詞，且他們會開始熟悉更多單詞。要是孩子現在還不會說話，但是可以理解媽媽的話語，則需要再稍微等待，待孩子發聲器官發展成熟。還有，與孩子多說話，對於孩子的語言發展有莫大幫助。有研究結果顯示，與孩子多說話的家庭中，孩子語言發展和認知發展更快。請參考〈幼兒發展淺談：聽到較多詞彙，語言發展也較快〉（P.163）。對孩子說話時，避免單方面的指示、孩子只是聆聽，盡量適當發問，給予孩子回答的機會。媽媽或爸爸獨自長篇大論的說話方式，現在起要逐漸減少。此外，教導簡單歌謠或念書給孩子聽的方法，對於學習單詞也助益甚大。此外，建議運一邊念書一邊與孩子互動的對話式共讀，效果會比單方面念書給孩子聽更好。

Q 我家17個月大的小男孩，如果念書給他聽，他會把書搶過去，隨便翻一翻就說「看完了」，然後扔在一旁。疊積木時，也亂砸一通。我很擔心他是否性格粗暴，能透過遊戲了解孩子的行為嗎？還有，我家兒子沒問題嗎？

A 這個時期的孩子很喜歡扔東西。要扔出東西，孩子必須能夠用手指拿好物品，還須要有扔擲的力氣。一開始學習這項新技術時，孩子手裡抓到任何東西都想扔。至於推倒積木的情形，孩子能夠透過自身行動讓積木嘩啦啦倒下且發出聲音，不僅是認識「原因－結果」的機會，也給予孩子相當程度的成就感。總而言之，孩子的行為是發展階段的適當行為。因此，絕對禁止扔東西或推倒東西，並不是好方法。不過，應教導孩子區分哪些是可以扔、哪些是不行扔的東西，哪些是可以推倒、哪些是不可以推倒的東西。例如，書不可以扔，但球可以，請與孩子一同玩扔球遊戲。請參考〈室內棒球〉（P.047）、〈把球丟進籃子裡〉（P.044）活動，還有〈動物農場保齡球〉（P.050）等，讓孩子可以在遊戲中開心地推倒積木。

Q 我家女兒已經滿13個月了，但是別說走路，連站都站不太穩。請問這樣沒關係嗎？請您推薦有益站立和走路的方法。

A 孩子開始走路的時機落在9至18個月之間，每個孩子差異甚大。如前所述，我家老二到17個月大才開始走路。雖然請您不必太過擔心，但需要更審慎地觀察孩子的運動發展。首先，孩子要能自行站立，大多數的孩子在13個月大時已可自行站立。不過，雖然肌肉力量和平衡感對於孩子站立與行走很重要，但孩子的氣質也是一項舉足輕重的因素。例如，喜歡不慌不忙、安靜坐著的孩子，對於站立和行走可能感到恐懼，便不會產生一定要站立或走路的動機。這時候，請試試看把孩子喜愛的玩具放在沙發或椅子上，誘導孩子站起來。如果孩子無法自己支撐身體，扶著他們會有幫助。若是排除動機或氣質方面的問題，孩子依舊看似無法站立和行走的話，建議您就醫諮詢。

Q 我想讓15個月大的孩子玩一些有助智能發展的教育性質遊戲，該怎麼做呢？

A 特別關注教育的爸爸、媽媽會很想知道，即使孩子還不太會說話，究竟該給他們玩什麼樣的教育性質遊戲才好呢？不過，這個時期的孩子所認真投入的活動，大多數都是具有教育意義的活動。尤其是在此一時期，除了有助於大肌肉和小肌肉發展的身體活動、感統遊戲以外，有益語言發展的閱讀、語言遊戲也是非常好的教育性質遊戲。還有，尋找藏起來的玩具、模仿對方的身體動作、取出物品、捉迷藏等，也是培養孩子記憶力、問題解決能力的絕佳教育性質活動。其實，若是說本書提供的任何活動皆是有助於孩子智能發展的教育性質活動，此言並不為過。

▶ 發展階段關鍵字 ◀

我對孩子的養育知多少？

　　嬰幼兒期的孩子養育的相關知識愈豐富，父母愈能為孩子提供較佳的成長環境。那麼，要了解自己的養育知識程度如何、身為父母為孩子提供何種環境等，請閱讀以下問題，並以「○」或「×」作答。

| 問卷 |

編號	問題	作答欄
1	即使已經告訴孩子正確的話語用法，他們仍會持續各種錯誤話語一段時間。	
2	孩子只能理解自己會說的字詞。	
3	若是孩子在陌生環境中表現靦腆或哭鬧，多半是在情緒方面有些問題。	
4	養育孩子的方式，對於孩子的智能幾乎沒有影響。	
5	孩子年幼時，幾乎不會受到父母照顧孩子的方式所影響。	
6	弟弟、妹妹出生的話，孩子有時會在夜間尿床或吸吮手指。	
7	大多數的早產兒會因受虐或棄置而情緒發展遲緩。	

8	即使是健康的孩子，直到熟悉新食物之前，多半會把新嘗試的食物吐出。	
9	孩子的性格或氣質在出生後6個月決定，此後就不太變化。	
10	在孩子出生之後的頭幾個月內，父母對待孩子的反應方式決定了他們以後會成長為幸福且適應良好的孩子，或憂鬱且適應不良的孩子。	
11	孩子的任何語言，都是聆聽大人説話，照著模仿而習得。	
12	噪音太大或東西眼花撩亂的話，孩子無法專注於自己周邊的狀況。	
13	正常孩子中，也有一些孩子不喜歡抱抱。	

※正確答案

第1、6、8、12、13題 －○

第2、3、4、5、7、9、10、11題 －×

請參考以上正確答案計分。以答對一題算1分計算。

6 分 以下：對於孩子的發展，需要多加關注和充實知識。

7 至 9 分：對於孩子的發展，具備與其他父母相似平均水準的知識。

10至11分：對於孩子的發展，具備比其他父母更豐富的知識。

11至13分：對於孩子的發展，已經掌握豐富知識。

Chapter 2

專為 19～24 個月孩子設計的
潛能開發統合遊戲

更多**想像**與**思考**，
孩子動腦機會變多了！

對數字和文字更感興趣，
懂得表達情緒與感受的時期。

• • •

　　這個時期在認知方面的發展非常重要。因為正值物體恆存概念發展完成且在皮亞傑（Jean Paul Piaget，1896～1980，致力於研究兒童智力發展）的發展階段中，這也是一段過度時期，孩子從原本透過感覺和動作來思考世上事物的感覺運動期，跨入終於能用頭腦思考的前運思期（Preoperational，亦稱為前運算期）。這個時期已發展出象徵能力，他們能夠理解圖案、手勢或身體動作的意思，對於數字和文字亦感興趣。即使具體事物不在，腦中也能勾勒出東西。不僅會思考現在，也會想到過去和未來。還有，此時是語彙急速增加的時期。

身體與感覺領域的發展特徵

　　能夠獨自上下樓梯和跑跳。會把積木堆疊成塔，會用手掌和手指之間拿蠟筆塗鴉和畫垂直線。

認知領域的發展特徵

記得物品的放置地點，能夠將動物和叫聲配對，及簡單的數數。會用玩具電話玩打電話遊戲。甚至會拿與電話完全不像的木棍，假裝撥電話，開心玩起假扮的遊戲。

人際社會與情緒領域的發展特徵

看鏡子會認得自己，能夠表現自身情緒或感受。雖然這是一切想按自己意思獨自去做、會耍賴哭鬧的「兩歲豬狗嫌」時期，但此時自我調節能力開始產生，特別是語彙能力的提升，對於自我調節能力提升很有幫助。他們會安慰他人，出現所有權的概念，不喜歡別人摸自己的東西。對同齡小孩產生興趣，會模仿年紀較大的孩子。

語言領域的發展特徵

語彙爆發期。每日習得3至4個新詞。當然，每個孩子的情形差異甚大，但孩子約24個月大時，平均擁有270個左右的表達語彙。他們理解否定句、疑問句、命令句，也能理解5個單詞以上的長句子。

● 19至24個月的發展檢核表

以下是19～24個月孩子的平均情形。每個孩子的發展進度不同，可能稍快或稍慢。重要的是，父母可以觀察下述活動的出現時機，透過遊戲促進相關發展。

月齡	活動	日期	觀察內容
19個月	能夠自行上下樓梯兩階以上		
	透過模仿整齊排列積木		
	玩黏土遊戲和畫畫遊戲		
	能夠順利把動物和叫聲做配對		
	有孩子執著的對象		
	理解「不哭」之類的否定句		
	能夠表現自身情緒或感受		
20個月	能夠邊推有輪玩具邊轉彎		
	跑步		
	理解3至4個日常使用的形容詞（痛痛、漂亮、好重等）		
	至少理解1個以上「等會兒」「以後」等表達時間的單詞		
21個月	模仿多種行為		
	向上跳		
	理解上下概念		
	記得物品的放置地點		
	看鏡子清除沾在自己鼻子上的口紅		
	因玩具而出現用身體攻擊的情況		
	懂得區分命令句（投球！）和疑問句（想投球嗎？）		

22個月	試圖安慰他人		
	努力接受他人所要求的內容		
	按照指示說出物品名稱		
	理解5個單詞以上的長句子		
23個月	單腳站立1秒左右		
	用6個左右的積木疊塔		
	用話語表達身體上的需求		
	會回答需要選擇的問題（吃草莓，還是吃餅乾？）		
24個月	能夠躍過階梯高度的低矮結構		
	理解「前」「後」的概念		
	對與同齡小孩建立關係感興趣，喜歡與年紀較大的孩子相處		
	使用類似「我的東西」等話語		
	不喜歡別人摸自己的東西		
	會看著鏡子自問「是誰？」，並自己回答「我」		
	努力想要獲得稱讚		
	能夠理解3個以上表達數量的單詞（如：一個、一點點、很多）		

統合領域：認知／語言／人際社會與情緒

扮家家酒

☑ 激發「想像力」與「創意力」
☑ 「聽」與「說」能力獲得發展

孩子一邊玩遊戲，一邊模仿和學習大人的行為。爸爸、媽媽先別主導，試著等待孩子的邀請。

扮家家酒玩具組　玩具車

玩偶　圍巾　媽媽的衣服

● 準備物品

玩偶（動物玩偶）、扮家家酒玩具組、玩具車、媽媽的衣服和圍巾等

● 遊戲方法

1. 把玩偶和扮家家酒玩具組拿給孩子。一開始，先在旁觀看孩子玩的情形，並適時引導。
    「圓圓，我們來玩扮家家酒，好不好？」
    「這裡有個娃娃耶。」
    「哇，還有茶杯和茶壺。媽媽應該要來喝杯咖啡。」
    「這裡有圓圓心愛的兔子。兔子寶寶也在，兔子媽媽也在。」

2. 媽媽要試著用話語來表達孩子的行為。

「圓圓在哄兔寶寶睡覺啊，還唱搖籃曲給兔寶寶聽，而且輕輕地拍拍牠。」

「兔子寶寶的肚子餓了嗎？所以兔子媽媽正在餵牠吃飯。啊！現在吃飽了。」

● **遊戲效果**

★ 讓孩子的想像力和創意力獲得發展。

★ 透過孩子扮演媽媽或動物的角色變換，讓孩子經驗到各種不同的立場。

★ 孩子的聽與說的能力獲得發展，語言領域跟著提升。

● **培養孩子潛能的祕訣與應用**

先別寄予太多期待，請給孩子充分時間，讓他能夠主導遊戲。試著按照孩子的期望去做，別由大人來主導遊戲。稱讚孩子遊戲中的獨到創意，盡可能給他自行選擇的機會。大人要克制一味想要幫助孩子的心理，提供協助的程度只在別讓他太過挫折。孩子自己安靜玩著的時候也要予以稱讚，並且留心旁觀。遊戲結束後，別忘了提醒孩子收拾玩具的工作。

幼兒發展淺談　提升扮家家酒遊戲效果的方法

在孩子18至24個月左右，會開始玩扮家家酒遊戲（亦稱假扮遊戲、想像遊戲、角色遊戲）。他們會拿起積木或香蕉，假裝撥打電話的樣子、像媽媽一樣抱著玩偶餵奶或假扮醫院的醫生打針。

許多研究結果發現，常玩扮家家酒遊戲的孩子不僅擁有良好的認知和語言能力，創意和自我調節能力也很出色。以下方法更可增進孩子玩扮家家酒遊戲的效果：

● **關上分散注意力的裝置**，如電視、平板、電腦。

● **最好在固定的地方玩遊戲**：這樣即使遊戲結束了，也不需要立刻收拾玩具，先擺放著，孩子就可以自己再拿來玩。

● **大人要先示範給孩子看**：舉起空杯子假裝喝茶的樣子，或假裝幫玩偶洗澡、哄玩偶睡覺等。

● **把日常生活中每天發生的事情編成簡單臺詞**：例如，媽媽準備飯菜或洗衣服等過程，孩子每天在看，所以很容易記憶，自然會在遊戲時模仿著做。請按照編成的臺詞，重複數次，示範給孩子看，並給他模仿的機會。像是說「好，現在由壯壯來準備晚餐了」，來引導孩子模仿著做。

- **決定角色**：例如，如果孩子喜歡動物，可以由媽媽扮演兔子，孩子扮演獅子。或由媽媽扮演醫生、孩子扮演病人的角色。熟悉各自角色之後，可以再彼此互換角色。

- **選擇孩子操作容易的玩具**：扮家家酒遊戲中的玩偶，最好是孩子能夠幫忙穿上或脫掉衣服的玩偶，要避免太大或太小的玩具。

- **準備舊衣、鞋子、錢包、杯子，或湯匙、碗碟等廚具用品，還有醫院遊戲組、積木等**：這類玩具在扮家家酒遊戲中可以多元利用，是很棒的玩具。

- **提供孩子與哥哥、姐姐等年齡較長的孩子一起玩遊戲的機會**：孩子與年齡較長的孩子一起玩扮家家酒遊戲時，會比跟同齡孩子玩時更多樣化。

統合領域：身體與感覺／語言

寶特瓶保齡球

☑ 發展抓放技術、增進手眼協調力
☑ 練習數數，增加對數字的熟悉度

這是能夠一邊開心玩保齡球，一邊練習數數的遊戲，簡單好玩又有益。

● **準備物品**

空寶特瓶10個、球

● **遊戲方法**

1. 把10個空寶特瓶依照最前方1個、次排2個、再次排3個、最後一排4個的順序排立。

   「壯壯啊，和媽媽一起來玩保齡球。我們用寶特瓶當球瓶，這樣立起來。然後要把這些寶特瓶全撞倒喔。」

2. 媽媽退到有點距離的地方，對準寶特瓶滾球。

   「媽媽來示範給你看。像這樣把球滾出去，把寶特瓶弄倒就可以了。」

更多想像與思考，孩子動腦機會變多了！❷寶特瓶保齡球

3. 再回到寶特瓶旁，大聲算出倒下的寶特瓶瓶數。

　「哇，寶特瓶倒下了耶。一、二、三、四，媽媽撞倒4個。換壯壯來試試看。」

4. 引導孩子把球對準寶特瓶再滾。

　「壯壯滾球吧！把寶特瓶全都撞倒。哇，我們一起來算算看撞倒幾個。」

● **遊戲效果**

★ 促進孩子手眼協調能力的發展。

★ 增進孩子抓球和放球技術的發展。

★ 讓孩子聆聽數數與練習數數。

● **培養孩子潛能的祕訣與應用**

　　若是想要讓寶特瓶更容易對準，可以使用較大的寶特瓶，且把寶特瓶放在較近的位置。如果寶特瓶內裝點水，混入顏料，就能製作成孩子喜愛的彩色保齡球瓶。寶特瓶內也可以裝米或裝沙。讓孩子試試坐著滾球，也試試站著滾球。

幼兒發展淺談　孩子是天生的舞者

　　成人中有許多音樂與身體不合拍的舞痴，但根據英國約克大學的心理學家曾特納（Marcel Zentner）與同僚的看法，孩子早在學說話前，就能配合音樂擺動身體。孩子會隨著音樂節奏和拍子做反應，聽音樂反而比聽說話聲更專注。

　　研究人員以120名月齡為5至24個月的孩子為對象，播放包括古典音樂在內、有節奏的音樂或說話聲給他們聽。讓孩子坐在媽媽膝上，但媽媽們戴著耳機，並不曉得孩子聽到什麼聲音，且事前曾提醒媽媽別晃動身體。研究人員把孩子聽音樂時的活動情形錄成影片，並把影片拿給專業芭蕾舞蹈家看，以了解孩子動作與音樂的配合度如何。

　　孩子們在聽音樂時，軀體、頭、手、腳、手臂、腿的動作都比聽說話聲時更豐富。當音樂與動作愈合拍時，愈常見到孩子的微笑。根據研究人員的看法，此一能力似是天生，但仍不確定這項能力如何獲得進化。不過，很清楚的一點是，不使用的能力在成長過程中會逐漸消失。預防變成舞痴的好辦法，就是從小放音樂給孩子聽且陪他一起跳舞。

統合領域：身體與感覺／人際社會與情緒

走獨木橋

☑ 增進大肌肉運動，尤其能強化腹肌
☑ 練習掌握平衡，發展眼腳協調能力

這個遊戲僅需要一塊簡單的木板，便可練習掌握平衡及做腹肌運動，而且不需擔心跌落或受傷。

● **準備物品**

30cm x 120cm 的木板（地毯或硬紙板也可以）

● **遊戲方法**

1. 準備木板。可以把木板放在地毯或墊子上防滑。
   「壯壯，你看媽媽做了什麼。看這裡，媽媽搭了一座橋耶。」

2. 媽媽先示範「在橋上走路」給孩子看。
   「好，仔細看媽媽過橋喔。沒有踩好的話，就會掉下橋了。」
   「橋下擠滿張大嘴巴的鱷魚，小心走，別掉下去。」

3. 讓孩子走木板。
   「來，換壯壯試試看。小心別掉下去。哇，好屬害，沒有掉下去耶。想不想再玩一次？這次試試看走快一點。」

● 遊戲效果

★對大肌肉運動有很好效果。

★讓孩子練習掌握身體的平衡。

★發展孩子的眼腳協調能力。

★強化孩子的腹部肌肉。

● 培養孩子潛能的祕訣與應用

　　熟悉走平地上的木板之後，可在平衡木下方放置磚頭，將高度稍微提高。不妨試試玩想像遊戲，想像平衡木是度河的橋梁，或與海盜船打仗時要換乘另一艘船的空橋，這些都能讓走平衡木的遊戲更加生動有趣。

幼兒發展淺談　從24個月大的身高來預測成人後的身高

　　根據羅切斯特梅約醫學中心（Rochester Mayo Clinic）的皮托克（Siobhan Pittock）博士，把24個月大孩子的身高乘以2，可以預測該名孩子長大成人時的身高（通常男孩會比這個數字稍高些，女孩則稍矮些）。

大多數的孩子自24個月至青春期為止，每年長高5公分左右。青春期時會在一年內長高8至10公分，之後就停止長高。女孩在月經開始後，只會長高5公分左右，男孩也在第二性徵出現後就不再長高。成人期身高的決定因素中，以遺傳影響最鉅，男孩將父母身高總和加上12公分、女孩將父母身高總和減去12公分，之後再除以2，便能預估孩子長大成人時的身高。例如，若媽媽身高160公分，爸爸身高175公分，兒子的身高可預測為173.5公分〔（160+175+12)÷2〕，女兒的身高則為161.5公分〔（160+175-12)÷2〕。

　　不過，遺傳以外的其他因素也對最終身高有所影響。若有荷爾蒙異常或遺傳疾病之類的慢性疾病，孩子不太會長得高。還有，在嬰兒期或青春期等急速成長的時期，若是體重不足，同樣會妨害長高。尤其，青春期時若有厭食症之類的飲食障礙，就無法正常成長。反之，體重過重也不會長高，這是由於幼時肥胖的兒童成熟較快，比同齡孩子更早停止成長之故。如果過早成熟致使第二性徵或青春期提早來臨，這對發育也會造成影響。

統合領域：身體與感覺／語言／人際社會與情緒

幫玩具洗澡

☑ **增進大肌肉運動，發展手眼協調力**
☑ **孩子感受自我主導性和提升責任感**

這是可以讓想幫媽媽做家事的孩子玩得樂開懷之餘，又能運動身體的一石三鳥遊戲。

● **準備物品**

肥皂水、海綿、毛巾、塑膠玩具
（腳踏車、積木、扮家家酒玩具組等）

肥皂水　海綿　毛巾　扮家家酒玩具組

● **遊戲方法**

1. 清洗孩子的玩具時，也讓孩子一起參與。
   「壯壯，和媽媽一起來把玩具洗乾淨，好不好？壯壯要幫媽媽唷。」

2. 在浴室裡（或清洗玩具的場所），先把塑膠玩具拿給孩子，教他用肥皂水和海綿刷洗。
   「壯壯，用海綿把這些大積木用力刷刷刷，要刷的乾乾淨淨。哇，積木洗完澡之後，變得好乾淨啊！」

3. 給予孩子活動的選擇權。

「壯壯，那接下來要洗什麼呢？要不要洗腳踏車呢？還是要幫玩偶洗澡？你想要先洗玩偶啊！那下一個就輪到玩偶來洗澡了。」

● **遊戲效果**

★ 具有運動大肌肉的效果。

★ 發展手眼協調的能力。

★ 讓孩子感受自我主導性和責任感。

● **培養孩子潛能的祕訣與應用**

亦可到室外（庭院或走廊等）清洗腳踏車或大型玩具。在室內幫玩偶洗澡時，也能玩扮家家酒遊戲，像是一邊幫玩偶洗澡，一邊進行「請幫玩偶擦臉」「請幫玩偶擦腳」之類「聽指示、照著做」的活動。

幼兒發展淺談　媽媽的精神壓力會對養育造成影響

根據羅徹斯特大學心理學家史特吉艾博（Melissa L. Sturge-Apple）教授團隊的研究，慢性壓力會導致媽媽的生理變化，以致對養育行為造成影響。研究人員對153名17至19個月大的孩子及他們的媽媽進行觀察。他們在孩子留給陌生人數分鐘期間略有壓力的情況，及媽媽陪孩子自由玩耍的情況下，利用無線監視器測量媽媽們的心跳。

一般認為有憂鬱傾向的人會愁容滿面且有氣無力,但在此一研究中,有憂鬱傾向的媽媽們卻呈現過度反應的養育方式。此研究發現,原因在於生理面向。患有憂鬱症的媽媽因為過度壓力反應,從一開始就顯得心跳較快。之後,孩子遇到困難時更心跳飆升。即使媽媽後來與孩子重逢,心跳仍然維持在高速狀態。這些媽媽在陪孩子自由玩耍時,說話會用高壓式的話語、生氣的口吻,身體接觸動作粗魯,呈現高度的對立情緒。憂鬱媽媽的壓力反應體系,在接收壓力時會處於較為警醒的狀態,反應過度敏感且難以鎮靜下來。

　　另一方面,貧窮媽媽們自始就心跳偏慢,同時壓力反應表現遲鈍,心跳只在孩子生氣時稍微加快。自由遊戲時,這些媽媽的態度最冷淡。雖已指示她們陪孩子一起玩,她們對孩子依然不加理會,即使孩子發出信號要媽媽陪同玩耍,她們亦無反應。陪孩子遊戲時呈現遲鈍壓力體系的這些媽媽,實屬高壓族群。研究人員認為,日常生活的拮据困窘使這些媽媽的壓力症狀更加突顯。

統合領域：身體與感覺／認知

撕膠帶

☑ 有助於孩子小肌肉發展
☑ 有助於孩子集中注意力

要讓不容易感覺疲累的好動孩子暫時靜下來，專注一段時間時，這是很適合的遊戲。

● 準備物品
紙膠帶

紙膠帶

● 遊戲方法

1. 在地板上四處貼上膠帶。
   「壯壯啊，仔細看媽媽在做什麼。這樣把膠帶貼在地板上，對吧？還要貼哪裡呢？」

2. 請孩子試試看把膠帶撕掉。貼的時候可以稍微撕開膠帶邊邊，讓孩子更容易撕起膠帶。
   「壯壯，試試看把這些膠帶全部撕起來。很好玩吧？來，抓住這邊用力撕起來，就會發出『刷──』的聲音。哈，像這樣把膠帶全部撕掉，讓地板乾淨溜溜。」

紙膠帶

● 遊戲效果

★ 有助於小肌肉發展。

★ 有助於集中注意力。

● 培養孩子潛能的祕訣與應用

　　這個遊戲其中一個好處就是，當媽媽暫時在廚房做事時，孩子得以就近玩耍。撕起來的膠帶，也可以捲成圓形做成球來玩。

幼兒發展淺談　提早開始「排便訓練」會有問題嗎？

　　費城兒童醫院的布盧姆（Nathan J. Blum）博士研究團隊追蹤400名兒童，研究排便訓練的成功率是否隨著訓練時機不同而有所差異。他們針對17至19個月大的孩子進行實驗，直到孩子白天不再穿尿布前，每2至3個月與母親做一次訪談。

研究人員將27個月大以前就接受正式排便訓練的孩子與27個月大以後才接受排便訓練的孩子進行比較。比起較晚開始訓練的孩子，較早開始者的便祕情形不多，且不會抗拒馬桶。唯一的缺點是，較早開始訓練的孩子，截至訓練成功為止要耗費較久時間。

　　在18至24個月大開始排便訓練的孩子平均耗費13至14個月，在27個月大後才開始排便訓練的孩子則平均耗費10個月左右。因此，若是在18至27個月大開始排便訓練，好處是可以略微縮短時間。但是，如果孩子太晚接受排便訓練，往後愈有可能出現排便問題。

　　雖然每個孩子適合開始進行排便訓練的時機有所不同，但最好是在孩子能夠控制膀胱和括約肌後再開始。當孩子每天在相近時間解便、夜晚不解便，白天睡覺也不會尿在尿布上，或2至3個小時左右都沒有小便時，便適合開始進行排便訓練了。

統合領域：身體與感覺／認知／語言

搖晃水瓶

☑ 有助大肌肉運動、發展視覺追蹤力
☑ 學習顏色名稱、強化因果關係概念

這是藉由水瓶來激發孩子好奇心的感統遊戲。當孩子搖晃水瓶時，也能做肌肉的運動。

● 準備物品
水瓶、嬰兒油、食用色素
（也可以準備亮粉、彈珠、亮片）

● 遊戲方法

1. 把嬰兒油、食用色素和彈珠放入水瓶，製成彩色水瓶。媽媽先在孩子面前慢慢地搖晃彩色水瓶。讓孩子看著瓶內的波浪起伏和閃閃彈珠。
「壯壯，來看這個水瓶。哇，水瓶一搖晃，就會翻起藍色波浪耶。水裡頭好像有星砂在閃閃發光。哇，好漂亮！」

2. 換孩子直接搖晃彩色水瓶，並進行觀察。
「壯壯，來搖一搖瓶子。哇，很棒吧？星砂一閃一閃的，真的好漂亮。」

● 遊戲效果

★ 孩子搖晃水瓶時，可以做大肌肉運動。

★ 學習到搖晃水瓶時會出現閃閃波浪、不晃水瓶時波浪就消失的因果關係。

★ 觀察水瓶內動態的同時，視覺追蹤能力獲得發展。

★ 從所使用的顏料色彩中，孩子能夠學習顏色名稱。

● 培養孩子潛能的祕訣與應用

　　試試看使用不同色彩的顏料，製成各種顏色的水瓶。還有，除了彈珠或亮粉之外，瓶內亦可放入小氣球、彩色橡皮筋、鈕釦等各式各樣有趣的東西，製成富有創意和感覺刺激的水瓶。

幼兒發展淺談　孩子耍賴哭鬧的理由和處理方法

　　明尼蘇達大學的柏特卡爾教授把孩子耍賴哭鬧的理由大致分為三種。第一個理由是「為了吸引注意」。如果孩子自己玩得很開心，父母往往不會多予關注。此時，孩子會為了吸引父母注意而耍賴哭鬧。在這種情形下，父母幾乎沒有可做之事。最佳方法是不做反應、不予理會。

第二種情形是「要求買玩具或要求允許做不准的事」而
耍賴哭鬧。柏特卡爾教授表示，在這種情形下，不應該對孩
子的要求舉手投降。若與孩子開始妥協，孩子就會學習到：
為了吸引父母注意和獲得想要的東西，只要放聲大吵、耍賴
哭鬧就行。

第三個理由是「因為不想做該做的事」而耍賴哭鬧。
例如，不想睡覺、不想整理玩具時。此時，不予理會並非最
好的方法，即時反應有其必要。如果孩子發覺耍賴哭鬧就能
不做，或至少可以拖延，他們就會繼續耍賴哭鬧。這種情形
下，媽媽可以事先向孩子說明，不按照媽媽的話去做，接下
來將怎麼樣。例如，若是孩子不想清理玩具而耍賴哭鬧，媽
媽先數一、二、三，然後捉住孩子的手，開始清理玩具。由
於孩子們很討厭自己的手被父母控制，這個方法就足以成為
處罰。

根據柏特卡爾教授的看法，在處理耍賴哭鬧時，最重要
的是一貫性。即使耍賴哭鬧10次，只要有一次獲得想要的東
西，孩子仍會繼續耍賴哭鬧。因此，父母千萬別抵不住孩子
耍賴哭鬧而失去一貫性。

統合領域：認知／語言

襪子配對

☑ 發展視覺辨別能力，提升分類的能力
☑ 學習顏色、形狀名稱與「一樣／不一樣」概念

這是在日常生活中一邊摺疊洗好的衣服，一邊整理襪子時，可以與孩子一起玩的遊戲。

● **準備物品**
襪子2至5雙

● **遊戲方法**

1. 準備好2雙以上的襪子，盡量是有紋路或顏色繽紛而且容易區分的襪子。

2. 每雙襪子取1隻，在孩子的左邊擺成一列。
「壯壯啊，媽媽把左腳的襪子都放在這裡。」

3. 把每雙襪子的另一隻混在一起，放在孩子的右邊。
「剩下的襪子就全部放在這邊囉！」

4. 媽媽先示範給孩子看。從右邊的襪子裡找出跟左邊可以配對的襪子。

「現在要先從這邊（襪子堆）找出這雙襪子（指著擺放整齊的左腳襪子其中1隻）的配對。」

「注意看喔，這隻襪子有紅色的線，我們來找找看有紅線的襪子。在這裡！兩隻襪子配對成功了。」

5. 請孩子試試看找出襪子的配對。

「壯壯，想不想試試看呢？你看這隻黃色點點的襪子，從襪子堆中找出一樣的來配對吧。咦，找到了，這兩隻襪子長得一模一樣。」

● **遊戲效果**

★ 視覺辨別能力獲得發展。

★ 能夠學習到「一樣／不一樣」的概念。

★ 能夠學習到顏色名稱、形狀名稱。

★ 分類能力獲得發展。

● 培養孩子潛能的祕訣與應用

首先從一雙襪子開始，再慢慢增加配對的襪子數。一開始使用非常不一樣的襪子樣式，再慢慢提升難易度，讓孩子尋找樣式相近的襪子配對。不僅襪子，鞋子也能拿來做配對。

幼兒發展淺談　孩子的語言爆發期

孩子的口說語彙量平均達到100個語彙的時期，大約在21個月大左右。之後語彙習得的速度會持續加快，在23至24個月間，一個月內學到的新單詞約為115個。算起來每日平均習得3至4個新語彙，這個時期就是所謂的「語言爆發期」。到36個月大左右，孩子能夠使用的語彙約達500個，一般而言，女孩子比男孩子懂得使用更多的語彙。

統合領域：認知／身體與感覺

推不倒的積木

☑ 引發好奇心、促進孩子思考因果關係
☑ 運動小肌肉、手眼協調力與問題解決力

這是利用推不倒積木讓孩子感到驚奇，而能夠刺激孩子好奇心與思考力的遊戲。

積木　魔鬼氈

● **準備物品**
魔鬼氈（魔術貼）、積木

● **遊戲方法**

1. 把魔鬼氈黏在孩子的積木上。
「壯壯啊，今天媽媽要來做推不倒的積木。首先，把魔鬼氈像這樣黏在積木上。」

2. 利用黏上魔鬼氈的積木疊成塔，做出沒有魔鬼氈時，無法推成的模樣。
「好，現在我們一起來疊積木塔吧！你看這樣積木也不會掉下來耶，真的很神奇吧！」

3. 給孩子看到積木不會掉下來的樣子，刺激孩子的好奇心。
   「壯壯，想要試一次看看嗎？這樣也不會掉下來耶。」
   「奇怪，積木怎麼不會掉下來呢？」

4. 給孩子時間檢視積木，示範魔鬼氈的效果給孩子看。
   「這樣把魔鬼氈互黏，積木就不會被推倒了，對吧？真的很神奇。因為魔鬼氈緊緊互黏，所以才不會掉下來啊。」

● 遊戲效果
★ 讓孩子針對因果關係進行思考。
★ 引發孩子的好奇心。
★ 有助於小肌肉的運動。
★ 有助於問題解決能力發展。
★ 有助於手眼協調能力發展。

● 培養孩子潛能的祕訣與應用
   鼓勵孩子用積木做出各式各樣的造型，並且予以協助。

幼兒發展淺談　為什麼男孩子喜歡車車勝於娃娃？

   在小男孩中，許多會收集各種各樣的汽車，手裡總是拎著小汽車到處跑。為何男孩喜歡卡車或汽車勝於玩偶呢？過去認為，這是由於一直以來父母或養育者教導孩子挑拿符合性別的玩具來玩所致，還有，這類玩具可以用來進行較動態、較激烈的活動。

不過，根據德州農工大學亞歷珊德（Gerianne M. Alexander）教授與同事的研究，男孩對於汽車的偏愛，其實早在父母進行玩具教育之前就已顯露。根據其研究，即使是出生僅3至4個月的男娃，他們盯著看卡車、球之類玩具的時間，就比看玩偶來得久。尤其是男性荷爾蒙睪固酮的水準愈高，盯著看男生玩具的時間就愈長。也就是說，對於玩具的偏好，性荷爾蒙比後天教育更有關係。

此外，根據亞歷珊德教授的其他研究，19個月大的男寶寶拿著汽車或球玩時，並不比拿著玩偶玩更活潑。在此，同樣是睪固酮水準較高的孩子，拿著玩偶玩或拿著汽車玩皆更為活潑。

亞歷珊德教授認為這方面尚需更多研究，但進化上的設定看似是，女孩偏好與多人共同一起的社會刺激，男孩則較喜歡球或汽車之類會動的東西。

統合領域：認知／身體與感覺

用髮捲玩遊戲

☑ **增進孩子因果關係的概念**
☑ **激發好奇心。發展小肌肉運動**

這是用媽媽的大大小小髮捲，就能進行的探索遊戲。

● **準備物品**
各式各樣的髮捲

● **遊戲方法**

1. 向孩子示範把髮捲黏在毯子、毛巾或運動衫上。
   「壯壯，這是媽媽整理頭髮的髮捲，對吧？」
   「我們拿髮捲來玩遊戲，好不好？髮捲也能像魔鬼氈一樣牢牢
   地黏住，你看像這樣。」

2. 請孩子試試看直接把髮捲黏在毯子上。
   「壯壯，想不想把髮捲黏在毯子上呢？」
   「這裡黏一個大髮捲、一個小髮捲，還有一個紫色髮捲。」
   「真的黏得很牢，對吧？」

3. 與孩子一起找找看，家中哪些東西可以黏住髮捲、哪些東西黏不起來。

「我們來找找看，哪裡可以黏髮捲？」

「嗯，要黏哪裡呢？走，我們來試試看。」

● **遊戲效果**

★ 讓孩子能夠學習因果關係。

★ 激發進行探索的好奇心。

★ 有助於孩子小肌肉的發展。

● **培養孩子潛能的祕訣與應用**

　　用髮捲可以玩許多遊戲。首先，可以像積木一樣疊起來，也可以在地板上做成各種形狀。

　　恢復髮捲原本的功能，亦可以玩美容院的扮家家酒。跟著孩子一起試試看這個想像遊戲，把髮捲捆在媽媽或孩子的頭髮上，就像來到美容院一樣。

幼兒發展淺談　靦腆的孩子比較晚會說話嗎？

　　在12至24個月大的孩子中，具靦腆氣質的孩子約占15%，他們有時會表現出「行動壓抑」的特性。意思是，他們與人一起時會害羞，傾向躲避新的經驗。一般而言，人們知道靦腆孩子說話較晚。原因是靦腆孩子與人說話的機會較少，所以語言發展可能較遲。反過來說，由於語言發展較遲，與人更少說話，因此也可能更加靦腆。

　　為了對此進一步了解，科羅拉多大學的研究團隊以816名孩子為對象，在他們歷經14、20、24個月大時，調查孩子的靦腆情形和語言發展的關係。研究結果是，依靦腆孩子說話（口語表達）的時間來看，他們的發展的確比性格活潑的孩子較遲。不過，他們對於語言的理解並未較遲。靦腆孩子理解的內容比眼見的部分更多，只是在需要說話時，由於個性靦腆而說不出來。還有，不說話與其他語言問題亦無關連。因此，不必擔心孩子較晚才會說話這件事。但父母或其他大人應注意，別低估靦腆孩子的語言能力而減少與孩子對話的機會。面對靦腆孩子時，為了能讓他們說話，反而必須特別傾注關心和努力。

統合領域：認知／語言

1數到3！

☑ 促進孩子聽力的發展
☑ 練習數數並有助建立數量概念

雖然孩子要到36個月左右，才能理解1至3的數量概念，但從現在起也能透過遊戲學習到「數」的概念。

● **準備物品**

碗3個、貼紙、筆記本、彈珠或小玩具9個

3個碗　　9顆彈珠　　筆記本

貼紙

● **遊戲方法**

1. 在孩子面前數彈珠「1顆、2顆、3顆」，放入第一個碗中。
   「壯壯，注意看媽媽這邊。我們來數數。先來數彈珠，1顆、2顆、3顆。這裡一共有3顆彈珠唷。」

2. 接著再數3顆彈珠「1顆、2顆、3顆」，再放入第二個碗中。
   「我們再數一次。彈珠1顆、2顆、3顆，彈珠一共有3顆。」

3. 把剩下的3顆彈珠拿給孩子，請孩子試試看數彈珠。
   「換壯壯來數數看了。這裡的彈珠有幾棵？1顆、2顆、3顆（讓孩子跟著數）。一共有幾顆呢？沒錯，一共有3顆。」

更多想像與思考，孩子動腦機會變多了！❿ 1數到3！

● 遊戲效果

★ 讓孩子能夠熟悉數數的練習。

★ 透過聆聽數法，聽力獲得發展。

★ 有助於「數量概念」的發展。

● 培養孩子潛能的祕訣與應用

除了彈珠，也可以用小球或玩具等東西來數數。不過，顏色大小愈是相同，孩子愈能專注在數的特性上，因而更容易學習。請試試看在筆記本上寫上「1、2、3」的數字書，讓孩子一邊數數，一邊認識數字。

幼兒發展淺談　孩子也懂得機率高或低

華盛頓大學的維斯梅爾（Anna S. Waismeyer）博士和梅哲夫（Andrew N. Meltzoff）教授表示，孩子也懂機率，會使用成功機率較高的方法。研究人員給24個月大的孩子觀看大人玩遊戲的場景。遊戲裝置是若把木頭積木放在箱子上面，就會跑出彈珠。其中，把藍色圓形積木放在箱子上面，3次中有2次（亦即66%的機率）跑出彈珠。若放上紅色四方形積木，3次中有1次（亦即33%的機率）跑出彈珠。把兩塊積木拿給看過此場景的孩子，大部分的孩子都會選擇成功機率較高的藍色積木。這項研究結果顯示，即使成功機率不是100%，24個月大的孩子也能夠分辨成功機率較高的方法，雖然他們未直接嘗試，也可能從看別人做中學習。

統合領域：認知／語言

今天什麼天？

☑ 有助於氣候概念的發展
☑ 能夠學習到相關的語彙

這個遊戲除了要教孩子看窗外，了解天氣狀況，還要教他如何做好外出的準備。

● **準備物品**
下雨天、多雲日、寒流、陰天、豔陽日的照片（或圖畫）

● **遊戲方法**

1. 與孩子一起看向窗外，詢問孩子「今天的天氣如何」。
「壯壯啊，想不想知道今天天氣如何呢？」
「你看，藍藍的天空上有一個圓圓的大太陽呢。今天是出太陽的晴天。」

2. 請孩子從天氣照片中，選出與今天天氣最相近的照片。
「壯壯，在這些照片裡，哪一個是出太陽的晴天呢？你來選選看。」

更多想像與思考，孩子動腦機會變多了！⓫今天什麼天？

3. 針對今天的天氣聊聊天。

「像這樣頂著大太陽的日子，如果要出門的話，媽媽要戴太陽眼鏡，壯壯要戴帽子唷。」

※其他像是下雨天要撐雨傘、寒流天要圍圍巾和戴毛線帽、陰天要帶薄外套和雨具等。

● **遊戲效果**

★ 有助於氣候概念的發展。

★ 能夠學習天氣相關的新語彙。

● **培養孩子潛能的祕訣與應用**

請試試每天早上與孩子一起聊當日天氣。與孩子共讀有關天氣的繪本，也是引起孩子好奇心的好方法。

幼兒發展淺談　什麼時候開始念書給孩子聽？

根據調查，多數韓國父母在孩子滿4個月時首度念書給孩子聽，念書的次數在30個月大以前是每週8至10次，36個月大以後則是每日2次左右。一次念書的時間，在18個月大時從未滿10分鐘，到36和42個月大時，則各為22分鐘和24分鐘左右。孩子從18個月大起就有喜愛的書和喜愛的場景。有時在喜愛的場景出現之前，孩子就有提前預測內容的舉動。

統合領域：認知／語言／人際社會與情緒

包包裡有什麼？

☑ 有助於說明物品的語言能力發展
☑ 觸覺、聽覺等感官的敏感性提升

這是讓孩子摸摸看包包裡的物品，並猜猜看是什麼東西的遊戲。

● **準備物品**

不用的包包、孩子熟悉的物品（如硬幣、玩具電話、積木、球、塑膠湯匙、鑰匙等）

● **遊戲方法**

1. 在媽媽不用的包包裡放進孩子熟悉的物品。
   「壯壯，媽媽在這個包包裡放了很多壯壯喜歡的東西。」
   「先摸摸看，再猜猜是什麼。媽媽先來玩一次喔！」

2. 媽媽不看包包裡頭，選擇某一個物品。
   「好，不能看裡面喔，只能把手放進去。有好多東西耶。」
   「只能用手拿其中一樣，先不要拿出來喔。」

137

3. 反覆觸摸選擇的物品，並試著把該物品的形狀或觸感等特徵用
   言語表達，最後再說出答案。
   「嗯，這個東西有許多小按鈕，按下去還會發出聲音。一下就
   能握進手裡，是什麼東西？好像是玩具電話。」

4. 從包包把選擇的物品取出來確認。
   「媽媽要把東西拿出來了，看媽媽猜對了沒。哇，沒錯，真的
   是玩具電話。這次換壯壯來猜猜看包包裡還有什麼東西了！」

5. 引導孩子直接進行步驟2.～4.。

● 遊戲效果
★ 有助於孩子說明物品的語言能力發展。
★ 提升觸覺、聽覺等各種感官的敏感性。

● 培養孩子潛能的祕訣與應用
   請媽媽用孩子說出的單詞，造出完整的句子。包包裡的
物品可以多加變換，引導出更豐富更多樣的言語表達。與年
齡較大的孩子玩遊戲時，也可以將遊戲調整為，由媽媽口頭
描述物品，讓孩子猜猜是什麼東西。

幼兒發展淺談　亞洲的孩子睡眠比較少

　　透過聖約瑟夫大學醫院心理學家敏德爾（Jodi A. Mindell）進行的調查，得出的結果為，比起美國、紐西蘭等西方國家的孩子，亞洲孩子睡得比較少。這項調查共有28,287名育有1至36個月大孩子的父母參與，他們來自韓國、中國、日本、新加坡、臺灣、泰國、越南等亞洲國家，和澳洲、加拿大、紐西蘭、英國、美國（白人孩子）等17個國家。從調查結果來看，亞洲國家的孩子比白人孩子更晚睡覺，睡眠時間也較短。

　　關於睡覺時間，以香港孩子平均的晚間10點17分最晚，以紐西蘭孩子平均的晚間7點27分為最早。至於每日睡眠時間，以日本孩子平均的11.6小時為最短，紐西蘭孩子平均的13.3小時為最長。不過，關於白天睡覺的時間，各國差異不大。在紐西蘭，僅5.8％的孩子與父母同寢，但在越南，該比率達到83.2％，為各國之最。認為孩子睡眠有問題的比率，以中國的76％最高，泰國的11％最低。由此結果來看，我們可以知道，孩子的睡眠方式與模式，隨著地域不同而有頗大的差異。

統合領域：認知／語言／人際社會與情緒

幫忙摺衣服

☑ 小肌肉與大肌肉皆能獲得發展
☑ 培養分類能力，學習衣物名稱

孩子也想幫忙做家事。這正
是媽媽心目中如夢幻般的遊
戲，可以一邊陪孩子玩耍，
同時一起整理洗好的衣服。

● **準備物品**

需要整理的衣物、籃子

● **遊戲方法**

1. 把洗好、需要整理的衣服攤開擺放。

 「圓圓啊，想不想幫媽媽整理洗好的衣服呢？」

 「圓圓能幫忙的話，媽媽應該會比較輕鬆，心情也會變好。」

2. 媽媽可以先把自己的衣服（或爸爸的衣服）挑出來。

 「來，仔細看好。這是誰的衣服呢？媽媽的衣服嗎？這些是誰
 的呢？這是圓圓的嗎？」

 「我們一起把媽媽的衣服全部挑出來。」

3. 接著，協助孩子把他自己的衣服挑出來。。
「圓圓，來把圓圓的衣服全部挑出來吧！」

4. 媽媽在摺自己的衣服時，也請孩子摺自己的衣服。
「好，我們現在要來摺衣服了。」
「仔細看喔，媽媽的褲子要這樣摺……，媽媽的T恤要這樣摺……。圓圓也來摺摺看，褲子要怎麼摺呢？……」

5. 媽媽把自己的衣服放進抽屜裡，也請孩子把整理好的自己的衣服放進籃子，或直接放到該放的位置。
「圓圓衣服摺得真好！那現在要收進抽屜了，對吧？」
「圓圓的衣服全部裝到這個籃子裡。然後，要放到哪裡呢？」
「沒錯，圓圓的衣服要放進那個抽屜。圓圓來放放看。」
「哇，好厲害！圓圓幫媽媽摺衣服，真的好棒！謝謝！」

● **遊戲效果**

★ 能夠培養對衣物進行各種分類的能力。

★ 摺衣服的活動有助於小肌肉發展。

★ 把衣服放進籃子搬運的活動有助於大肌肉發展。

★ 能夠學習到各種衣物的名稱,有助於概念發展。

★ 幫媽媽做事,有益孩子的社會性、責任感發展。

● **培養孩子潛能的祕訣與應用**

　　襪子配對也是良好的認知活動。試試讓孩子把相同顏色的衣服全部挑出來整理,還有把相同種類的衣物全部挑出來。讓孩子整理洗好的衣物,並非一次就結束,而是每週規則進行,讓這件事成為孩子能夠學習到責任感的一門功課。

幼兒發展淺談　稱讚孩子的方法很重要

　　史丹福大學心理學家杜維克(Carol Dweck)教授以父母稱讚方法對於孩子發展之影響的研究聞名。根據杜維克教授的研究,在父母稱讚孩子能力的情況之下(如「你真的好聰明」),孩子會認為智能等不會改變的特性很重要,給予困難課題時,便不會費心努力。反之,若是父母稱讚的是孩子努力的程度或具體行動(如「你真的好認真好努力喔」或「你接球的方式真的很棒」),孩子們會認為自己的努力比與生俱來的能力更重要而認真起來。

為了解稱讚能力／努力的影響是否具長期性，杜維克教授再做新的研究。她觀察父母稱讚14至38個月大孩子的情形，並且進行分析，之後待孩子長到7至8歲時，再與孩子進行訪談。結果如同預期，努力曾受稱讚的兒童表示，他們相信自身智能和社會能力可經由努力更向上提升，且不畏挑戰。不過，男孩與女孩之間也出現差異。父母給予男孩較多努力方面的稱讚，男孩會比女孩更認為智能可以隨著努力而改變。反之，女孩較少受到努力方面的稱讚，更常出現的傾向是，認為自身做不到的事是能力不足所致。

更多想像與思考，孩子動腦機會變多了！❸ 幫忙摺衣服

統合領域：認知／語言／人際社會與情緒

情緒休息室

☑ 有助於孩子察覺自身的情緒
☑ 學習表達與調節自己的情緒

孩子感到難過、生氣或情緒激動時，要讓他們安靜穩定下來，需要一間「情緒休息室」。

輕音樂 蠟筆 素描本
玩偶 毯子
籃子
書 遊戲道具

● **準備物品**
布玩偶、孩子喜愛的書、輕音樂、鏡子、安撫巾、遊戲用到的道具、蠟筆和素描本、籃子

● **遊戲方法**

1. 把孩子平日喜愛的物品收集一處，放在籃子裡。

2. 當孩子生氣、難過、疲累或身體不適，任何需要鎮定或安撫孩子的情緒時，就能為他打氣，派上用場。
　「壯壯，好像因為朋友回家了，心情不太好。那怎麼做心情才會變好呢？我們去情緒休息室試看看，好不好？」

鏡子：「從鏡子來看看壯壯的臉。嘴巴撅得高高的，眼睛淚汪汪的。壯壯看起來好難過的樣子。」

圖畫書：「這是壯壯最喜歡的書。要媽媽念給你聽嗎？」

遊戲用到的道具：「我們用這個道具一起來玩遊戲吧！」

蠟筆和素描本：「壯壯想畫些什麼呢？想畫車車嗎？」

輕音樂：「媽媽放好聽的音樂給你聽。這樣心情會變好唷。」

安撫巾、布玩偶：「壯壯啊，窩進你最喜歡的毯子裡、抱緊這個娃娃。這樣心情會比較好唷。」

3. 孩子心情有轉好的話，務必試著與他聊聊剛才感受到什麼樣的情緒、為何會有那種感受。

   「壯壯，現在心情比較好了嗎？剛才為什麼那麼難過呢？和朋友玩得很開心，結果朋友先回家才這樣嗎？與朋友分開，覺得很傷心啊。」

● 遊戲效果

★ 有助於情緒認識的發展，察覺自身情緒為何。

★ 有助於情緒調節的發展，學習調節自身情緒。

★ 練習表達自身情緒，也同時在促進語言發展。

● 培養孩子潛能的祕訣與應用

　　仔細觀察平日孩子進行什麼樣的活動時，心情會變好，把具有效果的事項收集起來。把孩子的相片、家族相片、旅行或愉快回憶的照片收集好，找機會翻看和述說，也是能讓孩子心情變好的方法之一。

幼兒發展淺談　善於說話的孩子比較能控制脾氣

　　賓州州立大學蔻爾（Pamela M. Cole）教授團隊表示，善於說話的孩子後來也比較擅於控制憤怒。蔻爾教授以120名孩子為對象，從他們18至48個月大為止，持續進行語言檢測和施予延遲考驗。延遲考驗係指在給孩子禮物以後，直到媽媽完成工作之前，約8分鐘的期間不能把禮物打開。語言能力佳的18個月大左右的孩子和3年期間語言能力大幅提升的孩子，在48個月大進行延遲考驗時，比較不會發脾氣，並且氣消所需花費的時間也比較短。

　　研究人員認為，語言在控制憤怒時至少扮演2種角色。第一，語言能力傑出的孩子在生氣狀態能用言語請求協助（例如，向媽媽詢問工作是否已完成）。第二，說話能夠分散孩子對自身情緒的注意力（例如，孩子在等待開禮物的期間就持續數數）。根據蔻爾教授的看法，如果擁有優良的語言能力，孩子能以言語表達來傳達請求，而非情緒爆發，有助於在生氣或受挫時運用想像力而忍住脾氣。

統合領域：認知／語言／人際社會與情緒

表情符號

☑ 認識各種情緒，練習分類自身的感受
☑ 學習處理情緒的方法，發展語言能力

這個遊戲有助於讓孩子認識與處理自身感受到的情緒，及學習個別情緒的名稱。

● **準備物品**

紙盤、麥克筆、棍子（可有可無）

● **遊戲方法**

1. 在紙盤上畫出表現不一樣情緒的表情。

2. 念繪本時，請孩子在遇到有情緒感受的場景時，挑出符合該情緒的盤子。
   「這個熊孩子心情怎麼樣？你覺得他應該是什麼表情呢？」

3. 觀看孩子所選的臉孔，述說臉部特徵，試著做出臉部表情。
   「這張臉的心情如何？沒錯，是在生氣。壯壯生氣的時候，臉會變成怎麼樣？做做看生氣的臉？臉會變紅，牙齒都露出來，額頭上還出現皺紋耶，還有眼睛也瞪得好大好大。」

4. 把孩子的臉部表情拍成照片，再與情緒臉孔相比較。
   「媽媽把壯壯生氣的表情喀擦拍下來，和媽媽畫的表情比比看，是不是很像呢？」

147

● 遊戲效果

★讓孩子練習分類各種心中的感受。

★能夠學習到各種情緒的名稱。

★能夠學習到處理各種情緒的方法。

★語言表達能力同時也獲得發展。

● 培養孩子潛能的祕訣與應用

　　與孩子說說看什麼時候會生氣、什麼東西會讓人感到幸福等，各種讓人感受不同情緒的情況。另外，也要教孩子怎麼做，心情會變得比較好。

幼兒發展淺談　遭排擠孩子的特徵

　　拉什大學醫院專攻神經行動學研究的麥康（Clark McKown）教授與其團隊自遭排擠兒童的行動中發現3種特徵。研究人員以4至16歲的284名兒童為對象進行研究，其中部分是正常兒童，部分是由於遭排擠等理由而正在接受治療的兒童。

研究人員給兒童看一電影場面或照片，請他們從臉部表情、聲音或身體動作來了解主角的情緒狀態。並且向兒童詢問，在各種社會情境之下，什麼樣的行為才屬適當。之後，再將這項結果與父母老師對於受試兒童的朋友關係和社會行為之評價相比較。

結果顯示，在解讀臉部表情、身體動作、聲音語調等非語言的情緒線索、理解這類非語言情緒線索的意涵，及想出社會衝突的解決方法方面，遭排擠兒童至少在一個領域有問題。

第一，遭排擠兒童觀看臉部表情時，無法區分此人是在生氣或難過。還有，他們完全不會注意到別人激動提高聲調或沮喪而垂下肩膀。第二，遭排擠兒童中，部分雖然可以察覺到非語言的線索，但無法理解這些線索的意涵。第三，是對於社會衝突的狀況進行思考的能力。也就是說，朋友所希望的與自身不同時，他們不知道如何解決才好。

根據研究人員的看法，如果學校家庭能盡早教導孩子這三個領域的社會情緒技術，對於兒童的學業和精神健康發展將大有助益。

統合領域：認知／語言／人際社會與情緒

上下前後和旁邊

☑ 發展聽說能力與空間認知
☑ 學習更精確表達位置用語

這個遊戲要請孩子照著大人的話做，順便可以檢查孩子的聽力狀況。

● **準備物品**

洗衣籃（或堅固的大箱子）

● **遊戲方法**

1. 孩子與媽媽面對面坐下，兩人中間放置洗衣籃。

2. 告訴孩子這個遊戲的玩法，並請孩子照著媽媽的話做。
「壯壯，從現在開始要照著媽媽說的話去做。」
「如果媽媽說『站起來』，應該怎麼做呢？」
「沒錯，就是這樣站起來。」
「如果說『坐下』，你就要坐下。好，遊戲要開始了！」

3. 把洗衣籃放在孩子前方，並說「進去籃子裡」等指令。
「出來籃子外面。」
「坐在籃子旁邊。」

「坐在籃子前面。」

「站在籃子後面。」

「把玩具球放到籃子裡面。」

「把籃子翻過來,玩具車放到籃子上面。」

4. 觀察孩子是否能照著指令,若孩子不太能夠理解的指示,就再次給予指導。

「壯壯啊,如果媽媽說站在籃子後面,(邊說邊示範)就是要走到籃子後面,然後站好,就像這樣子。」

5. 嘗試變換角色,由孩子來給予指示,媽媽跟著做。

「接下來,換壯壯來說,媽媽跟著做。」

● **遊戲效果**

★孩子的聽力、說話能力都能獲得發展。

★尤其能夠精確學習到表達位置的用語。

★孩子的空間認知與方位概念都能獲得發展。

● 培養孩子潛能的祕訣與應用

在換由孩子給予指示時，大人故意不按照孩子說的行動，並觀察孩子是否有注意到。

幼兒發展淺談 孩子使用位置用語的順序

根據韓國語言發展研究，約24個月大的孩子會說的位置用語依序為：外（60%）、後（58%）、裡面（47%）、前（47%）、上（40%）、下（36%）、旁邊（31%）、底（27%）。

統合領域：認知／語言／人際社會與情緒／身體與感覺

更有趣的「老師說」

☑學習語彙、提升大肌肉運動
☑提升孩子的專注力與傾聽力

這是專為一刻都不得閒的孩子所設計的專注力遊戲。為了引發孩子的高度興趣，把「老師說」遊戲改成他們喜愛的卡通人物名字來玩玩看。

● 準備物品

無

● 遊戲方法

1. 與孩子面對面坐下。
   「壯壯，和媽媽一起這樣坐好，又到了遊戲時間了。」

2. 教導孩子遊戲的方法，就是按照巧虎（可換成孩子目前喜歡或熟悉的人物）的話去做。
   「如果媽媽說『巧虎說，站起來』，壯壯就站起來。如果又說『巧虎說，坐下』，壯壯就要坐下。這樣知道了嗎？仔細聽，然後照著做。」

更多想像與思考，孩子動腦機會變多了！⓱更有趣的「老師說」

巧虎說，
親親媽媽～

3. 給孩子能夠理解的各種動作指令。

「巧虎說，來親親媽媽的臉頰。」

「巧虎說，躺下來。」

4. 孩子與媽媽互換角色，改由孩子指示，媽媽照著做。

「這次換壯壯來當『巧虎』，然後媽媽照著做。」

● 遊戲效果

★ 能夠學習表達動作的各種語彙。

★ 提升孩子的專注力與傾聽力。

★ 做各種動作達到大肌肉運動的效果。

● 培養孩子潛能的祕訣與應用

除了巧虎以外，可以使用任何孩子喜愛的人物名稱。聖誕節時，亦可以改成「聖誕老公公說」，隨時改用孩子當下感興趣的人物。不過，使用的動作語彙應限於孩子理解良好的語彙。如果孩子能夠順利照著指示做，可以加入數字，稍微提高遊戲難度，例如「巧虎說，親親媽媽臉頰3次。」

幼兒發展淺談　24個月孩子會使用的動詞

　　根據語言發展研究，孩子在24個月大時，經常使用的動作語彙如下：

● **大部分孩子都會使用的語彙**：去、愛

● **相當數量孩子會使用的語彙**：躺、親親、坐、抱抱、不做、戴（帽子）、關（燈）、出去、下（車）、吹（氣球）、打開、起來（站起來）、穿（衣服）、看（書）、穿（鞋襪）、走、爬上、給、踢（球）

● **半數左右孩子會使用的語彙**：拿出來、走出來、跌倒、下去、放進去（盒子）、讓開（走開）、抽出來、唱歌、受傷、擦（藥或髒汙）、關（門）、來、哭、做

更多想像與思考，孩子動腦機會變多了！❶更有趣的「老師說」

統合領域：語言／人際社會與情緒

頭兒肩膀膝腳趾

☑學習到身體部位的名稱
☑集中注意力、培養專注力

這是非常適合孩子學習身體部位名稱的遊戲。隨著歌謠和律動，孩子可以玩得興致盎然。

● 準備物品
無

頭兒肩膀
膝腳趾

● 遊戲方法

1. 與孩子面對面坐下或站著。

2. 配合〈頭兒肩膀膝腳趾〉歌謠，觸摸孩子的身體部位。
頭兒肩膀膝腳趾
膝腳趾，膝腳趾
頭兒肩膀膝腳趾
眼耳鼻和口……

3. 在練習時要慢慢唱，讓孩子可以配合歌謠，觸摸自己的身體部位。

遊戲效果

★孩子能夠學習到身體部位的名稱。

★配合歌謠觸摸身體部位，必須集中注意力，因此得以培養專注力。

培養孩子潛能的祕訣與應用

待孩子較熟悉遊戲和歌謠時，逐漸加快歌唱速度，觀察孩子是否能配合歌謠，正確觸摸各個身體部位。唱歌時，抽掉一部分的歌詞，觀察孩子是否聽歌做動作。與多人一起唱歌、做動作時，也會更添趣味。

幼兒發展淺談　24個月孩子會使用的身體部位表達詞語

● **大部分孩子會使用的語彙**：小雞雞、耳朵、眼睛、頭、腳、肚子、手、嘴巴、鼻子

● **相當數量孩子會使用的語彙**：脖子、肚臍、手指、臉、屁股、手臂

● **半數左右孩子會使用的語彙**：背、頭髮

統合領域：認知／語言／人際社會與情緒

聽了跟著說

☑ **訓練孩子集中注意力。聽力獲得發展**
☑ **提升聽覺記憶力，這是學習識字的基礎**

記住聽到的話再跟著說的活動，不僅對於說話學習很重要，對於字詞學習也非常重要。這是有助於孩子記憶力和語言發展的遊戲。

● **準備物品**

無

● **遊戲方法**

1. 向孩子示範聆聽媽媽的說話聲，然後再跟著說。

   「壯壯，從現在開始，要聽好媽媽說的話，然後再跟著說。如果媽媽說『嘟』，壯壯也要說『嘟』。如果媽媽說『踢踏』，壯壯要說什麼？沒錯，也要說『踢踏』。知道了嗎？仔細聽好，然後跟著說唷！」

2. 遊戲開始。先說一個音節的字詞。因為使用一個音節構成的字詞，孩子更容易記憶。例如，車、餅、水、飯、燈、藥、麵、雞、光、貓、狗。

   「球！」

3. 若是孩子能夠跟著說出一個音節，就予以口頭稱讚。接著，增加為兩個詞語，第二個為兩個音節的詞語，讓孩子跟著說。
「壯壯好棒，要繼續挑戰了喔！這次是『球、蘋果』。」

4. 若是孩子能夠順利跟著說，就在接著一個三個音節的詞語，讓孩子跟著說。
「壯壯真的能夠跟著媽媽說，超厲害。那這次更難一點，仔細聽喔！這次是『球、蘋果、洗衣機』。」

5. 孩子熟悉遊戲之後，試試看彼此互換角色。
「現在由壯壯來說，媽媽跟著做。」

● 遊戲效果

★集中注意力於話音時，聽覺能力獲得發展。

★記憶話音的聽覺記憶能力獲得發展。

★有助於在學習新語彙時，記住更久所聽到的聲音。

★有助於在學習識字時，記住字形與該字形讀音。

● 培養孩子潛能的祕訣與應用

　　首先從孩子更容易跟著說的單音節字詞開始，逐漸再增加音節數。待孩子熟悉活動之後，亦可讓孩子聆聽較長的音節，這樣做會增加記憶的難度。另可以說數字，讓孩子跟著說，如「一、三、五」。

幼兒發展淺談　對學習識字很重要的聽覺記憶力

　　針對24個月大的孩子進行研究顯示，這個年齡的孩子平均 能夠聆聽話語，然後跟著說2個左右的數字或單詞，且很會聽話語跟著說的孩子，亦即聽覺記憶能力佳的孩子，在24個月大時會說的語彙數也較多。而且，他們到42個月大時，智能和語言能力還是比同齡的高。這是因為在學習和使用語彙時，或回答智能測驗的問題時，終究需要能夠記憶所聽到的話音。不僅如此，因為識字要看字形（學校）且記住讀音〔ㄒㄩㄝˊㄒㄧㄠˋ〕，故記住聲音的「聽覺記憶力」是最基本的前提。

統合領域：語言

做一本獨一無二的書

☑ **對喜愛事物進行比較，觀察差異**
☑ **學習關於事物的新語彙與新知識**

每個孩子都有偏愛的動物或玩具。這個遊戲利用孩子特別喜愛的動物照片或玩具圖片，製作成孩子獨一無二的圖畫書。

● **準備物品**
活頁夾、動物照片、孩子喜愛
的物品照片

活頁夾　　喜愛的物品照片

● **遊戲方法**
| **製作圖畫書** |
①收集孩子喜愛的玩具或動物照片。
　※可以利用雜誌或把網路上的圖片印出來。
②把收集到的照片或圖片加以護貝。
③把護貝好的圖片匯入活頁夾內，製作成孩子獨有的圖畫書。

更多想像與思考，孩子動腦機會變多了！❷做一本獨一無二的書

161

1. 與孩子一起邊聊邊翻閱製作好的圖畫書。

「壯壯啊，這是我們壯壯喜歡的貓咪書。要不要和媽媽一起看呀？」

2. 一邊翻閱各式各樣的圖片、照片，一邊比較述說各照片或圖片的相似點和不同點。

「哇，有好多貓咪喔！這隻貓咪的毛像雪一樣白，眼睛是藍色的。第二隻貓咪的尾巴真的好長，身上有黑點呢。」

● **遊戲效果**

★ 讓孩子能夠對喜愛的動物或物品模樣進行比較，觀察差異點和共同點。

★ 透過親子間的對話，能夠學習到新的語彙。

★ 對於特別喜愛的物品或動物，孩子將具備相關專門知識。

● **培養孩子潛能的祕訣與應用**

　　參觀動物園後或有新的照片圖片時，還可以再把書的內容增加喔。

幼兒發展淺談　聽到較多詞彙，語言發展也較快

　　貝蒂．哈特（Betty Hart）和托德．里斯利（Todd Risley）兩位心理學家歷時兩年半，觀察居住在堪薩斯市42個家庭的語言使用。這些家庭分屬專業性職業、勞動性職業、政府生活補助金援助對象三類族群之一。研究人員在他們家中設置錄影機，把父母與孩子之間一整天的對話全部錄音，收集到相當龐大的語言資料之後再進行分析。

　　根據此項研究的結果，相較於生活補助金援助對象家庭的孩子1小時平均聽到616個單字，專業性職業家庭的孩子一小時平均聽到2153個單字。可以說，專業性職業家庭的孩子接收到超過3倍的語言刺激。兩族群之間的差異，在孩子們滿3歲時更大。而且，專業性職業家庭的3歲孩子會說的語彙為1116個，生活補助金援助對象家庭的孩子則為525個。也就是說，孩子滿3歲來到幼兒園時，他們的語言能力已呈現巨大差異，是任何教育方案都無法抵銷的程度。在後續研究中，3歲時擁有較多語彙的孩子們在9歲和10歲的語言測驗分數（語彙、聽力、文法、閱讀和理解）較高。這意味著，3歲前自家中父母聽到的語彙數會影響孩子說話的語彙數，而且直到小學，會持續對於語言成績，乃至智能產生影響。

張博士，請幫幫我！

Q 我家20個月大的女娃，很愛黏著媽媽，目前考慮送她去托兒所。請問這時候送去沒關係嗎？很擔心她和同齡孩子會相處不融洽。

A 這時期的孩子即使與同齡朋友在一起，也不太清楚融洽相處的方法是什麼。因為他們是各自拿著各自的玩具分開玩，偶爾才會在各自玩耍時稍微觀察對方。而且他們還不知道輪流拿玩具玩或一起拿玩具玩的方法。這時候，他們還無法用語言良好表達自己的想法或揣摩他人心意，語言或社會性發展還不及能與他人一起玩耍的程度。

如果想把孩子送到托兒所的目的是交朋友，我認為在孩子36個月以後較為適當。不過，在此之前，媽媽還是可以帶孩子去遊樂場或參加親子課程等，在媽媽的陪同之下，提供孩子自然而然結識朋友的機會。這種方法對於孩子的社會性發展將有所助益。

Q 我在學時，真的很討厭數學。我很擔心女兒像我一樣，以後數學也不好。請您告訴我，在生活中可以玩數字遊戲的方法。

A 如果可以讓孩子在生活中自然而然地開心玩數學遊戲，他們就不會害怕數學，且會喜歡數學。仔細想一想的話，生活中可以玩的數學遊戲為數不少。首先，我們會立刻想到的數學遊戲是數數。12至24個月間的孩子，會開始隱約意識到數的概念。他們首先理解「多」「少」，然後會認識「一」「二」等數字名稱。若要輔助數的概念的發展，可以玩數數遊戲，或留意生活中可以自然而然地數數的機會，好比爬樓梯和搭電梯時，亦可以學習數數。

另外，把同類玩具收一起、把玩具依尺寸從小到大（或反過來）放置，能教導孩子關於分類和順序的概念。此外，數學還包括圖形、圖樣、測量等領域。圖形方面，可以在圖片、書籍和日常生活環境中，尋找圓形、三角形、四方形的形狀，及進行相同形狀的分類。圖樣方面，可以進行在壁紙或衣服上尋找花紋圖樣等活動。反覆把水或沙子裝入碗中和倒出來時，也可以學習到測量的概念。

Q 聽說孩子在3歲之前很需要五感刺激。若要在這個時期刺激孩子的五感，應該玩什麼樣的遊戲呢？

A 孩子們的腦部在0至3歲期間是一生中成長最為急遽的時期。孩子出生時，腦部重量只有成人的25％左右，滿2歲時則重達75％左右。這是因為在數千億個腦細胞之間，有無數中介聯結的突觸生成之故。因此，在腦部急遽成長的時期，若是能在安全而充滿愛的環境下，刺激孩子的五感（包括視覺、聽覺、觸覺、味覺、嗅覺），將有助於突觸生成，最終促進頭腦發展。

刺激孩子五感的遊戲稱為感統遊戲，從孩子日常生活中可以很自然地發展出感統遊戲。媽媽與孩子說話或唱歌給孩子聽時，有助於孩子的聽覺發展。孩子在廚房敲打鍋子或用湯匙敲地板時，可以同時刺激觸覺與聽覺。特別是超越單純聲音層次的音樂教育，不僅可以提供孩子聽覺刺激，還有幫助智力發展的效果。孩子玩水，或者用手觸摸、壓捏、丟擲正在吃的麵條時，觸覺和嗅覺同時獲得刺激。還有，品嘗各種水果、蔬菜或飲食時，嗅覺和味覺一起得到刺激。這些孩子在家中自己玩得開心的許多活動，都是刺激五感的良好遊戲。本書提供的大部分活動可以刺激孩子的五感，只要協助孩子們能夠盡情玩這些遊戲即可。但要謹記的是，這類五感刺激的遊戲必須讓孩子們樂在其中，而非單方面或強制的。若是孩子感受到壓力，反而會有負面效果。為孩子打造能夠開心自發玩遊戲的安全環境，便是提供五感刺激的最佳方法。

Q 他是個愛看書的22個月大男孩。但是，孩子看書時一定要待在某人的膝上，不知道是不是因為剛開始為了讓孩子看點書，而半強制要他坐在膝上再給他看的緣故？不知道是否有矯正方法。

A 由於孩子一直以來都是坐在膝上看書，看書與坐在膝上自然聯結成為習慣。剛開始時，用這個方法來讓孩子看書並沒有錯。只是，孩子愛上書之後，要讓孩子養成坐在椅子或沙發上，而非坐在膝上看書的習慣即可。最簡單的方法是，孩子坐在椅子或沙發上，而非坐在膝上看書時，就給予口頭稱讚和獎賞。例如，孩子坐在椅子上看書時，可以給他喜愛的貼紙或點心。相反地，孩子坐在膝上看書時，就不給獎賞且不理不睬。假使孩子喜歡膝上的觸感，製作一個有著孩子喜愛的柔軟觸感的漂亮坐墊給他，也會有所幫助。

我在孩子遊戲中的參與度有多高？

一起來檢查看看自己實際上參與孩子遊戲、陪著他玩的程度如何。請閱讀以下問題，回想平時孩子在玩下列遊戲時的情景，勾選自己當下怎麼做。

∣評估內容：媽媽的參與程度∣

1. **未參與**：指讓子女自己玩耍或由先生、兄弟姐妹陪同玩耍，自己並未參與遊戲。
2. **旁觀**：未參與遊戲，只在子女身旁靜觀遊戲行為。
3. **消極參與**：未參與遊戲，只在從子女立場需要協助時有所反應。
4. **積極參與**：以遊戲者的身分積極參與子女遊戲，扮演使遊戲更加活潑的角色。

題目	遊戲	未參與	旁觀	消極參與	積極參與
1	用手敲打、搖晃、滾動玩具時				
2	穿插或堆疊積木做成某物時				

3	騎乘用腳踩動的騎乘物時（如玩具馬、噗噗車）				
4	在玩按壓轉動式或按壓式玩具時				
5	用色鉛筆等畫畫時				
6	玩扮家家酒遊戲模仿吃東西的樣子時				
7	玩拉手、擊掌等遊戲時				
8	聽音樂跳舞時				
9	看圖畫書或繪本時				
10	在遊樂場玩遊戲時（如溜滑梯、蹺蹺板、盪鞦韆）				
11	玩你追我跑、翻滾等遊戲時				
12	滾球和接球時				
13	玩拼圖時				
14	盛水、倒水、拍水、在玩水時				
15	用材料做裝飾品時（如把貼紙黏在衛生紙捲心上）				
16	唱歌時				
17	看玩具或圖片説顏色時				
18	玩捂臉遊戲（捉迷藏）時				
19	看玩具或圖片數數時				
20	丟球或滾球時				
21	在遊樂場或公園用沙子做成食物或蛋糕時（如生日遊戲）				

22	玩醫院遊戲時				
23	看玩具或圖片說名稱時				
24	模仿人物或動物等，玩想像遊戲時				

■評分（未參與1分／旁觀2分／消極參與3分／積極參與4分）

　　請參看下表，依類別找到相關問題，再將得分加總。例如，以功能遊戲的情形來說，第1、4、8、14、16題五個問題的分數須全部加總。用這種方式逐一找出六類遊戲的各項分數，再寫下個別總分。

　　這樣的話，就能知道自己在什麼類型的遊戲參與較多，什麼類型的遊戲較未參與。請記住參與度低的遊戲類別，未來陪孩子玩時更積極參與。

遊戲類別	說明	題號	平均分數 （總分／題數）
功能遊戲	單純的重複性遊戲行為、孩子自得其樂操作東西的遊戲	1、4、8、14、16（5題）	
建構遊戲	靈活運用各種玩具來創造東西的遊戲、製作、堆疊、排列物品的遊戲	2、5、13、15（4題）	
身體遊戲	與對方遊戲式的接觸、細小動作身體遊戲、粗動作身體遊戲	3、10、11、20（4題）	
教育性遊戲	事物名稱、顏色、數數、以手指向、視覺可見之物、回答問題時予以肯定	9、17、19、23（4題）	

規則遊戲	訂有規則和目標的遊戲、以競爭為目的之身體和語言活動、存在模式的互動活動	7、12、18（3題）	
象徵遊戲	想像眼睛看不見的對象或事物情境經轉化而與實際相異的象徵遊戲	6、21、22、24（4題）	
總計		24題	

| 遊戲參與度評估 |

遊戲類別	參與度低	參與度中等	參與度高
功能遊戲	未滿2.72	2.72～未滿3.54	3.54以上
建構遊戲	未滿2.88	2.88～未滿3.64	3.64以上
身體遊戲	未滿3.04	3.04～未滿3.7	3.7以上
教育性遊戲	未滿3.24	3.24～未滿3.84	3.84以上
規則遊戲	未滿3.34	3.34～未滿3.94	3.94以上
象徵遊戲	未滿2.76	2.76～未滿3.76	3.76以上

增進孩子頭腦發展的綜合維他命 —— 遊戲

• • •

　　現在感覺稍微償還虧欠寶寶的債務了。由於研究專長是認知和語言發展，這段期間寫了不少如何做，才有助於寶寶認知和語言發展的文章。雖然心意是要協助寶寶發展，另一方面卻有著像是對寶寶和父母們出作業般的虧欠感。透過這本書，心裡感覺稍稍償還了這筆債。

　　本書的遊戲是專為增進寶寶頭腦發展的綜合維他命。寶寶出生世上的頭2年正值發展最急速的時期，簡單的遊戲裡包括了寶寶在這段時期所需要的經驗。因此，這些遊戲絕非單純的遊戲，而是能夠刺激此時期寶寶發展全面領域的多功能統合經驗。在細細觀察寶寶發展的同時，最好還能每天不缺遊戲地餵給寶寶遊戲維他命。

　　遊戲有著非比尋常的力量。不僅能讓寶寶心情變好、覺得快樂、幸福，對於大人也有相同效果。它能傳染歡樂氣氛。因

此，著書過程中也一直都很愉快。觀賞有寶寶玩耍情景的網路影片或朋友自豪展示的孫子孫女的影片時，有時也會獨自噗哧笑出聲來。而且，在撰寫遊戲方法時，猶如再次化身為寶寶的媽媽，每天與壯壯和圓圓度過歡樂時光。

對於已經與孩子玩得很好且領會遊戲魔法的父母們，不妨再嘗試看看本書中各式各樣的遊戲，了解遊戲蘊含的意義。若是由於工作忙碌、缺少時間、精神壓力或不知道應該怎麼玩而無法積極陪孩子玩的父母，希望您們即使是為了自己，也能陪孩子一一玩玩看本書的遊戲。這樣的話，真的會如魔術般變得更開心。苦惱的事、鬱悶的事也可能現出端倪。若是想陪寶寶開心玩耍而正在尋覓方法的父母或爺爺奶奶們，務必善加運用本書的遊戲，讓寶寶與大人一起同樂。

雖然遺憾我的孩子未能適用，但若是有了孫子孫女，我絕對要與他們一起玩這些遊戲。藉由本書的遊戲，謹將此書獻給玩得樂開懷的寶寶們。

▶ 參考文獻 ◀

Chapter 1 ::

1. Gergely, G. Bekkering, H, & Király, I.. Rational imitation in preverbal infants. Nature, 415, 755. 2002

2. Christakis, D. A., Zimmerman, F. J., & Garrison. M. M. Effect of Block Play on Language Acquisition and Attention in Toddlers: A Pilot Randomized Controlled Trial. Archives of Pediatrics and Adolescent Medicine, 161 (10): 967. 2007

3. Potegal, M., Kosorok, M. R., & Davidson, R. J. Temper Tantrums in Young Children: Tantrum Duration and Temporal Organization. Developmental and Behavioral Pediatrics. 24, 148-154. 2003

4. Christakis, D. A., Zimmerman, F. J., DiGiuseppe, D. L., & McCarty, C. A. Early Television Exposure and Subsequent Attentional Problems in Children. Pediatrics Vol. 113, pp. 708–713. 2004

5. Rauscher, Frances H.; Shaw, Gordon L.; Ky, Catherine N. Music and spatial task performance. Nature, 365, 6447. 1993

6. 곽금주, 성현란, 장유경, 심희옥, 이지연. 한국 영아발달 연구. 학지사. 2005

7. Werker, J. F., & Tees, R. C. Cross-language speech perception: Evidence for perceptual reorganization during the first year of life. Infant Behavior & Development, 7, 49–63. 1984

8. Schmidt, M. F. H., & Sommerville, J. A. Fairness Expectations and Altruistic Sharing in 15-Month-Old Human Infants. PLoS ONE 6(10): e23223. 2011

9. Nakata, T., & Trehub, S. E. Infants' responsiveness to maternal speech and singing. Infant Behavior and Development, 27, 455–464. 2004

10. Mumme, D. L., & Fernald, A. The infant as onlooker: Learning from emotional reactions observed in a television scenario. Child Development, 74(1), 221-237. 2003

Chapter 2 ::

1. Zentner, M., & Eerola, T. Rhythmic engagement with music in infancy. Proceedings of the National Academy of Sciences, 107, 13/pnas.1000121107. 2010

2. Sturge-Apple, M. L., Skibo, M. A., Rogosch, F. A., Ignjatovic, J., & Heinzelman, W. The impact of allostatic load on maternal sympathovagal functioning in stressful child contexts: Implications for maladaptive parenting. Development and Psychopathology, 23, 831-844. 2011

3. Blum, N. J., Taubman, B., & Nemeth, N. Relationship between age at initiation of toilet training and duration of training: A prospective study. Pediatrics, 111, 810-814. 2003

4. Joinson, C., Heron, J., Von Gontard, A., Butler, U., Emond, A., & Golding, J. A prospective study of age at initiation of toilet training and subsequent daytime bladder control in school-age children. Journal of Developmental & Behavioral Pediatrics. 30, 5, 385-393. 2009

5. 장유경. 한국영아의 초기 어휘발달: 8~17개월. 한국심리학회지, 23(1), 77-99. 2004

6. Alexander, G. M., Wilcox, T., & Farmer, M-B. Hormone-behavior associations in early infancy. Hormones and Behavior, 56, 498-502. 2009

7. Waismeyer, A. S., Meltzoff, A. N., & Gopnik, A. Causal Learning from Probabilistic Events by Human Infants: An action measure. Developmental

Science. 2014

8. 장유경, 최유리. 영아기 가정의 책읽기 경험과 지능발달: 종단연구. 한국 아동학회지, 30, 47-56. 2009

9. Mindell, J. A., Sadeh, A., Wiegand, B., Howd, T. H., & Goh, D. Y. T. Crosscultural differences in infant and toddler sleep. Sleep Medicine, 1, 274–280. 2010

10. Gunderson, E. A., Gripshover, S. J., Romero, C., Dweck, C. S., Goldin-Meadow, S., & Levine, S. C. Parent Praise to 1- to 3-Year-Olds Predicts Children's Motivational Frameworks 5 Years Later. Child Development, 84, 5, 1526–1541. 2013

11. Roben, C. K. P., Cole, P. M. & Armstrong, L. M., Longitudinal Relations Among Language Skills, Anger Expression, and Regulatory Strategies in Early Childhood. Child Development, 84, 891–905. 2013

12. McKown, C., Gumbiner, L. M., Russoa, N. M., & Liptonc, M. Social-Emotional Learning Skill, Self-Regulation, and Social Competence in Typically Developing and Clinic-Referred Children. Journal of Clinical Child & Adolescent Psychology, 38, 6, 858-871. 2009

13. 곽금주, 성현란, 장유경, 심희옥, 이지연. 한국 영아발달 연구. 학지사. 2005

14. 장유경, 최유리, 이근영. 24개월 영아의 어휘습득, 책읽기 활동과 청각기억 능력의 발달. 한국심리학회지, 발달, 20(1), 51-65. 2007

15. Hart, B., & Risley, T. Meaning ful differences in the everyday experience of young American children. Baltimore, MD: Brookes. 1995

16. 김진영. 부모 놀이신념 수준에 따른 유아의 놀이성 및 리더십의 차이. 전남대학교 대학원 석사학위 논문. 2012

孩子的 提升想像力&創意思考遊戲

權威兒童發展心理學家專為幼兒
打造的 41個潛力開發遊戲書 ④

作　　者／張有敬 Chang You Kyung
譯　　者／賴姵瑜
選　　書／陳雯琪
企畫編輯／蔡意琪

行銷經理／王維君
業務經理／羅越華
總 編 輯／林小鈴
發 行 人／何飛鵬
出　　版／新手父母出版
　　　　　城邦文化事業股份有限公司
　　　　　台北市民生東路二段141號8樓
　　　　　電話：（02）2500-7008　傳真：（02）2502-7676
　　　　　E-mail：bwp.service@cite.com.tw
發　　行／英屬蓋曼群島商家庭傳媒股份有限公司城邦分公司
　　　　　台北市中山區民生東路二段141號11樓
　　　　　書虫客服服務專線：02-25007718；25007719
　　　　　24小時傳真專線：02-25001990；25001991
　　　　　讀者服務信箱 E-mail：service@readingclub.com.tw
劃撥帳號／19863813；戶名：書虫股份有限公司

香港發行／城邦（香港）出版集團有限公司
　　　　　香港灣仔駱克道193號東超商業中心1樓
　　　　　電話：(852)2508-6231　傳真：(852)2578-9337
　　　　　電郵：hkcite@biznetvigator.com
馬新發行／城邦（馬新）出版集團 Cite(M) Sdn. Bhd. (458372 U)
　　　　　11, Jalan 30D/146, Desa Tasik,
　　　　　Sungai Besi, 57000 Kuala Lumpur, Malaysia.
　　　　　電話：(603) 90563833　傳真：(603) 90562833

封面、版面設計／徐思文
內頁排版／陳喬尹
製版印刷／卡樂彩色製版印刷有限公司
初版一刷／2018年5月15日
定　　價／350元

城邦讀書花園
www.cite.com.tw

I S B N　978-986-5752-68-2

國家圖書館出版品預行編目資料

權威兒童發展心理學家專為幼兒打造的41個潛力開發遊戲
　書.4 : 孩子的提升想像力&創意思考遊戲 / 張有敬著 ; 賴
　姵瑜譯. -- 初版. -- 臺北市 : 新手父母, 城邦文化出版 : 家
　庭傳媒城邦分公司發行, 2018.05
　面 ；　公分. --

　ISBN 978-986-5752-68-2（平裝）

　1. 育兒　2. 幼兒遊戲　3. 親子遊戲

428.82　　　　　　　　　　　　　　　　　107005125